高职高专电梯专业系列教材

电梯安装工程

中山职业技术学院
陈秀和　张书　编著

中山大学出版社
·广州·

图书在版编目（CIP）数据

电梯安装工程/陈秀和，张书编著．—广州：中山大学出版社，2012.10（2020.8 重印）
（高职高专电梯专业系列教材）
ISBN 978 - 7 - 306 - 04322 - 1

Ⅰ.①电…　Ⅱ.①陈…　②张…　Ⅲ.①电梯—安装　Ⅳ.①TU857

中国版本图书馆 CIP 数据核字（2012）第 224668 号

出 版 人：王天琪
策划编辑：周建华　李海东
责任编辑：李海东
封面设计：贾　萌
责任校对：李海东
责任技编：何雅涛
出版发行：中山大学出版社
电　　话：编辑部 020 - 84114366，84111996，84113349
　　　　　发行部 020 - 84111998，84111981，84111160
地　　址：广州市新港西路 135 号
邮　　编：510275　　传　真：020 - 84036565
网　　址：http：//www. zsup. com. cn　E-mail：zdcbs@mail. sysu. edu. cn
印 刷 者：广州一龙印刷有限公司
规　　格：787mm×960mm　1/16　11.75 印张　250 千字
版次印次：2012 年 10 月第 1 版　2020 年 8 月第 3 次印刷
印　　数：5001 - 7000 册　　定　价：28.00 元

总 序

随着中国电梯产业的发展，国际电梯行业巨头都已经进入中国大陆投资设厂，中国大陆的电梯整机产量已跃居世界第一，并且形成了世界最大的电梯使用市场。电梯产业的快速发展需要更多高层次的从事制造、安装维保、管理使用的人才，但当前国内电梯行业技术人才的紧缺已经严重制约了电梯行业的发展。

中山职业技术学院根据电梯行业的人才需求状况，依托国内首个省级电梯产业基地“广东省火炬计划——中山电梯特色产业基地”，联合中国建筑科学研究院建筑机械化研究分院，于2007年率先在国内组建了高职高专类电梯制造与维护专业，并于当年开始招生，开展电梯专业高职高专类学生的培养工作，到目前已经形成了400余名在校生的规模。

电梯制造与维护专业属国内首创高职类专业，所有教学用教材、课件、指导文件等均属空白。高职高专教材建设工作是整个教学工作中的重要组成部分。中山职业技术学院联合中国建筑科学研究院建筑机械化研究分院，组织了一批具有较长电梯行业工作经历、有丰富教学经验的教师，借助建筑机械化研究分院在技术、信息、科研和行业归口管理等方面的优势，利用较短的时间，开发编写出一套适合高职教育特点、以职业能力培养为中心目标、突出人才创新素质和创新能力培养的科学、实用的教材。同时，该套教材既能够覆盖在用电梯的技术知识，又具有较强的新产品新技术前瞻性，以实用技能培养为主，兼顾必须掌握的基础理论知识。此套系列教材由《电梯结构与原理》《电梯安装工程》《电梯控制原理》《电梯标准与检测》等构成，随着教学过程的开展，后续还会编写电梯专业英语类、轿厢装饰类及电梯智能管理监控类等教材，同时制作教材配套用电子课件、题库等。

上述教材通过在中山职业技术学院试用，并经过多次的修订补充，教学效果良好，初步得到了学生、任课教师及合作企业专家的认可和好评，适用于高职高专教育要求，部分教材已经具备了正式出版发行的条件。

本系列教材在编写过程中，对当前电梯主流技术和多家企业、多种类型产品作了大量详尽深入的调查和收集信息，注重实用知识的讲解和工作原理解析，结合GB 7588—2003的新要求，具有深入浅出、循序渐进、内容全面、图文并茂的特点。本系列教材不仅适用于高职高专院校电梯专业教学使用，也适合电梯从业人员岗前培训使用，对电梯从业人员快速熟练掌握电梯技术，参与指导电梯生产制造、安装维修、管理使用等作用较好。

本系列教材在编著过程中，广泛参阅了国内外多种电梯结构与原理方面的著作和行业标准法规，并从多家电梯企业、研究单位收集了众多的技术资料，在此向所有相关单位和人士表示衷心感谢。

本系列教材的面世是中国电梯行业人才培训方面的一大幸事，填补了电梯行业通用型高端人才培训教材的空白，感谢中山大学出版社独具慧眼，为中国电梯行业的发展作出了贡献。

《中国电梯》杂志主编

2009年7月于河北廊坊

重印修订说明

《电梯安装工程》是电梯工程技术类专业高职高专系列教材之一，对从事电梯安装与调试、电梯维护与管理等作业人员的专业知识与能力培养具有重要作用。本系列教材于2009年首次出版，立即得到了国内多家职业院校和电梯企业的认可和肯定，发行业绩良好。

2018年3月，根据第十三届全国人民代表大会第一次会议批准的国务院机构改革方案，将相关部门（包括国家质量监督检验检疫总局）的职责进行整合，组建国家市场监督管理总局。另外，随着近年来电梯产品技术的飞速发展，新产品新技术不断采用，国内电梯安装维护和使用管理要求也日益严格、规范，部分国家标准、规范有了更新。为保持本教材的先进性与科学性，我们在这次重印时对本教材进行修订。

本次修订主要是对相关机构名称的表述进行调整，以及按照新的国家标准、规范和社会发展情况对相关表述进行调整。有些规定已经废止的，如原附录二和原附录四，我们做了删除处理。

尽管我们在教材修订过程中付出了许多努力，但鉴于编者水平所限，加之时间较为仓促，教材中仍可能存有缺漏和不足之处，恳请各兄弟院校、企业和读者批评指正。

作　者

2020年8月

前 言

自从我国实行改革开放政策以来，市场经济不断发展，人民的生活质量迅速提高，全国各地高层建筑和住宅楼群大量涌现，作为高楼内的垂直交通工具——电梯，其需求量日益增长。各种类型、规格繁多的电梯已在高楼内投入运行。电梯运行质量的好坏，直接关系到人身的安全。因此，电梯的安全性能至关重要。除了制造质量外，安装水平及安装工程的管理对电梯的后续使用也会产生影响。为了保证电梯正常安全地运行，国家质量监督检验检疫总局特种设备管理部门十分重视和强调加强电梯的设计制造、安装、维修保养、改装改造、检测验收和运行管理各个环节的质量监督与安全监察工作。因为，只有一流的产品，没有一流的安装人员的安装和调试，没有日常的维护和正确的使用管理，很难确保电梯安全、可靠地运行。

现代电梯技术的发展对相关行业人员提出了更高的要求：电梯的安装、维修保养人员要不断地加强学习，提高技术素养和操作技能；检测验收人员要熟悉电梯的基本结构、性能和电气控制驱动原理，要熟悉国家电梯的技术规范和检测验收标准；现场施工管理人员不仅要了解工程项目的进度，也要熟悉电梯的检测验收标准，熟悉施工安全技术措施；维护保养人员要监控维护好电梯，必须具有一定的技术素养和维修经验。总之，电梯技术随着现代科技不断地发展，要求各有关人员不仅要掌握电梯机械基础和电工电子技术控制理论，掌握交流双速、直流、交流调速电梯的控制理论，掌握交流变压变频调速基本原理，掌握计算机基本原理及远程监控技能，掌握科学的运行管理和工程的运筹管理，同时，还要加强科学的安全监督与管理。

本书针对高职高专电梯专业学生编写，主要对电梯安装的工程管理、安装内容及要求进行阐述。全书共分六章，分别介绍了电梯概述、电梯安装工程管理、电梯安装施工准备、电梯机械部分的安装、电梯电气部分的安装以及电梯调试试运行、试验与验收交付使用，目的在于帮助电梯专业学生掌握电梯安装知识及对电梯安装工程管理重要性的认识，提高安全意识、质量意识、管理意识；掌握电梯安装工程的管理要点及安装技巧。同时，使读者熟悉电梯项目的工程管理及政府特种设备管理部门监督管理和检测验收的标准。

本书由陈秀和、张书编写，其中第二章至第四章由陈秀和编写，第一章、第五章和第六章由张书编写。由于时间仓促，水平有限，编写经验不足，错误和不妥之处在所难免，恳切希望读者指正，以便修订。

本书还可供电梯企业工程技术人员阅读参考。

编 者

2012 年 9 月

目录

Contents

第一章　概　　述 / 1

第一节　电梯的发展趋势与前景 / 1
第二节　电梯的基本构造 / 4
一、电梯的定义 / 4
二、电梯整体结构 / 4
三、电梯的组成及占用的四个空间 / 6
四、电梯的八个功能系统 / 6
五、电梯的两大结构系统 / 7
第三节　电梯安装的基本规程 / 8
一、总则 / 8
二、基本规程 / 8
三、安全用电规程 / 9
四、井道作业规程 / 10
五、吊装作业规程 / 11
六、防火措施规程 / 11
复习思考题 / 12

第二章　电梯安装工程管理 / 13

第一节　电梯安装管理的项目 / 13
一、设备进场开箱检查 / 13
二、安装现场的检查与确认 / 14
三、电梯安装工程的关键技术管理内容 / 17
第二节　电梯安装的安全管理 / 18
一、电梯安装现场影响安全施工的环境因素及危险因素 / 18
二、电梯安装工程施工安全管理的内容及要求 / 19
三、电梯安装工程施工安全事故的管理 / 22
第三节　电梯安装的质量管理 / 22
一、影响电梯安装工程质量的因素 / 23
二、电梯安装工程质量管理的基本制度 / 23

三、电梯安装工程质量管理的内容及要求 / 24
四、电梯安装工程质量标准的主要控制内容 / 25
第四节 电梯安装工程费用核算 / 28
一、直接费 / 28
二、间接费 / 30
三、利润 / 31
四、税金 / 32
复习思考题 / 33

第三章 电梯安装施工准备 / 34

第一节 人员的准备及制定安装计划 / 34
第二节 验收资料、工具防护用品准备及机房井道勘查 / 36
一、电梯设备的开箱验收及资料收集工作 / 36
二、对机房与井道土建状况的勘查 / 38
三、工具和人员防护用品要求 / 42
第三节 架设脚手架及装设井道照明 / 46
一、架设脚手架 / 46
二、设置安装井道照明 / 49
三、脚手架的安全使用注意事项 / 49
第四节 样板架制作安装与放线 / 49
一、样板架制作 / 50
二、安装样板架 / 51
三、悬挂铅垂线（放线）/ 52
四、稳固铅垂线 / 52
五、样板架的稳装和铅垂线挂放安全技术 / 53
复习思考题 / 53

第四章 电梯机械部分的安装 / 54

第一节 机房设备安装及其安全技术 / 54
一、承重梁的安装 / 54

二、曳引机的安装 / 56
三、限速器的安装 / 59
第二节 井道内设备安装及其安全技术 / 62
一、导轨的安装 / 62
二、缓冲器的安装 / 68
三、对重的安装 / 69
四、曳引钢丝绳、悬挂装置及补偿装置的安装 / 70
五、轿厢与相关部件的安装及其安全技术 / 76
六、层门的安装 / 81
七、轿门及开关门机构的安装 / 83
复习思考题 / 84

第五章 电梯电气部分的安装 / 86

第一节 机房电气装置的安装 / 86
一、控制柜的安装 / 86
二、机房布线 / 86
三、电源开关 / 87
第二节 井道电气装置的安装 / 88
一、换速开关、限位开关的安装 / 88
二、极限开关及联动机构的安装 / 89
三、基站轿厢到位开关的安装 / 90
四、底坑电梯停止开关及井道照明设备的安装 / 90
第三节 轿厢电气装置及层站电气装置的安装 / 90
一、轿厢电气装置的安装 / 90
二、层站电气装置的安装 / 91
第四节 电梯供电和控制线路的安装 / 92
一、管路、线槽敷设 / 92
二、导线选用和敷设 / 93
三、悬挂电缆的安装 / 93
四、管线及线路的安装 / 96
五、电梯电气装置的绝缘和接地要求 / 96

复习思考题 / 96

第六章　电梯调试试运行、试验与验收交付使用 / 97

第一节　调试试运行 / 97

一、调试试运行前的准备工作 / 97

二、试运行和调整 / 98

第二节　试　　验 / 100

一、相系保护试验 / 100

二、闸车试验 / 100

三、缓冲器试验 / 100

四、厅门锁和轿门电气联锁装置试验 / 100

五、超载试验 / 100

六、静载试验 / 101

七、运行试验 / 101

八、消防开关试验 / 101

第三节　电梯的验收与交付使用 / 101

一、填写质量验收记录表 / 101

二、交付使用前的检验及试验 / 110

三、电梯安装验收规范 / 112

复习思考题 / 119

复习题 / 120

附录 / 131

附录一　电梯工程施工质量验收规范 GB 50310—2002 / 131

附录二　特种设备安全监察条例 / 151

附件三　特种设备作业人员监督管理办法 / 169

参考文献 / 175

第一章　概　　述

人们统称的电梯，是包含动力驱动，利用沿刚性导轨运行的厢体或者沿固定线路运行的梯级（踏步），进行升降或者平行运送人或货物的机电设备，如载人（货）电梯、自动扶梯和自动人行道等。目前，商务楼、住宅楼、商场、宾馆、医院、文化娱乐场所和车站、码头、工业企业生产场所等，均选用各种形式的电梯或自动扶梯作为人流、物流交通运输工具。

随着建筑业，特别是智能建筑业的发展，电梯应用量越来越大。为了保证电梯运行和使用的安全，提高输送效率，使人民的生命和财产不受损失，掌握和提高电梯使用、安装、保养和维修技术显得尤为重要，这也是本书的主要内容。

第一节　电梯的发展趋势与前景

世界上第一台电梯是由美国奥的斯（Otis）电梯公司于1889年研制成功的，采用电力拖动蜗轮蜗杆减速。在20世纪初，奥的斯公司首先使用直流电动机作为动力，生产出以槽轮式驱动的直流电梯，从而为后来的高速度、高行程电梯的发展奠定了基础（图1－1所示是奥的斯实验成功的安全装置）。由于交流感应电动机的出现，从1915年起开始使用电机拖动的电梯。在电梯控制方面，1915年开始有自动平层装置。1924年发展了信号控制系统，简化了电梯的驾驶操纵。1949年，电梯控制系统开始应用电子技术，出现了群控电梯。1950年出现了电梯近门检测器。1960年以后，无触点半导体逻辑控制及晶闸管应用于电梯，使电梯的拖动系统简化。1976年微机处理开始应用于电梯，使电梯的电气控制进入了一个崭新的发展时期。20世纪80年代，随着微机技术的发展，采用控制交流电动机定子的供电电压与频率实现调速，即称调压调频调速（VVVF）电梯。90年代推出了线性感应电动机驱动电梯。

到了20世纪90年代，随着工业控制微机（PLC）技术和现场总线技术的发展，电梯控制系统由并行信号传输向以串行为主的信号传输方式过渡。串行通信仅需一对双绞线就能实现所有外呼、内选与主机的联系，既提高了整体系统的可靠性，又为实现电梯的群控、智能化和远程监控提供了条件。

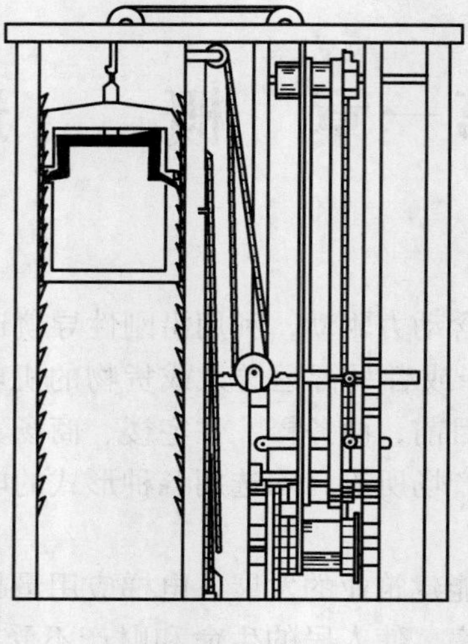

图 1－1 奥的斯实验成功的安全装置

电梯得以兴盛发展的根本原因在于采用了电力作为动力来源。18 世纪末发明了电机。随着电机技术的发展，19 世纪初开始使用交流异步单速和双速感应电动机作动力的交流电梯，特别是交流双速电动机的出现，显著改善了电梯的工作性能。由于这种电梯的制造和维修的成本低廉，因此，在速度为 0.63 m/s 以下的电梯品种中，仍广泛采用这类交流双速电机驱动的电梯。

目前，电梯产品不但规格品种多，自动化程度高，而且安全可靠，乘坐舒适。随着电子技术的不断发展，各种计算机新技术成功地应用到电梯的电气控制系统中，电梯产品的质量和运行效果显著提高。

超高速电梯有美国洛克菲勒中心用的电梯（运行速度为 10 m/s）、日本阳光大厦用的电梯（运行速度为 12.5 m/s）以及台北金融大厦用的电梯（建筑物为 101 层，电梯由东芝公司承建，运行速度为 16.7 m/s）。

我国电梯的使用历史悠久。从 1908 年在上海汇中饭店等一些高层建筑里安装了第一批进口电梯起，到 1949 年，全国各大城市中安装使用的电梯已有数百台，上海和天津等地也相继建立了几家电梯修配厂，从事电梯的安装和维修业务。新中国成立以后，先后在上海、天津、沈阳、西安、北京、广州等地建立了电梯制造厂，使我国的电梯工业从无到有，从安装、维修到制造，从小到大地发展起来。我国从 20 世纪 50 年代开始批量生产电梯。1959 年，上海电梯厂生产了我国第一批双人自动扶梯，用于北京新建的火车站。1976 年，上海电梯厂生产了我国第一批 100 m 长的自动人行道，用于首都机场。

20 世纪 80 年代中期以来，国内建立了一批合资和独资电梯生产厂，使我国的电梯工业取得巨大发展，产量连续多年成倍增长，产品质量和整机性能明显提高。据中国电梯行业协会、《中国电梯行业商务年鉴》统计数据，我国电梯保有量已从 2010 年的 162.9 万台增长至 2018 年的 627.8 万台，目前已成为全球电梯保有量最多的国家，年均复合增长率 11.15%。全球 70% 的电梯在中国制造。随着“十三五”时期新型城镇化的发展，电梯已经成为人们工作与生活重要的交通工具。例如，广州市的广州塔有扶梯 30 台（上海三菱电梯有限公司 18 台、西子奥的斯电梯有限公司 12 台），高速电梯 6 台，天线桅杆电梯 1 台（广州奥的斯电梯有限公司），电梯的速度设计有所不同：两台观光电梯可直达 107、108 观光层，载客量最大，提升速度为 5 m/s；两台乘客电梯提升速度为 6 m/s；两台消防电梯提升速度为 10 m/s。在高速梯中均安装有防耳压装置，乘客乘梯更具有舒适度。电梯的使用状况已成为衡量城市现代化程度的标志之一。

近年来，电梯的机械系统和电气拖动控制系统更新换代迅速，主要表现为：①机械系统的曳引机结构型式和安装布置方式多种多样，限速器和安全钳采用双向限速保护，门动系统采用齿式 V 带及同步带直接传动，轿厢设计更合理、装饰更美观，等等；②交流调压调速拖动和交流调频调压调速拖动方式代替直流电动机拖动方式，交流调频调压调速拖动方式已被广泛地应用到各类电梯中；③电梯的中间控制和过程管理控制不再采用数量庞大的中间控制继电器，一般的中低档电梯大都采用通用工业控制微机（PLC）管理控制，中高档和高档次的电梯均采用为电梯开发设计的专用微机管理控制，而且一台电梯采用多台微机组成一个网络，由管理微机对电梯进行运行管理控制，确保电梯安全、可靠、舒适地运行。

目前，电梯已成为人们生活中不可缺少的一部分。电梯由最早的简陋不安全、不舒适的升降机发展到今天，经历了无数的改进提高，其技术发展是永无止境的。

纵观电梯产品的发展历程，今后还将在以下几个方面有更大的改进和突破：

——超高速电梯。21 世纪，随着人口数量与可利用土地面积之间的矛盾进一步激化，将会大力发展多用途、全功能的高层塔式建筑，超高速电梯继续成为研究方向。除采用曳引式电梯之外，直线电机驱动电梯也会有极大的发展空间。未来如何保证电梯的安全性、舒适性和便捷性也成为了一个研究的方向。

——电梯智能群控系统。电梯智能群控系统将基于强大的计算机软硬件资源支持，能适应电梯交通的不确定性、控制目标的多样化、非线性表现等动态特性。随着智能建筑的发展，电梯的智能群控系统与大楼所有自动化服务设施结合成整体智能系统，也是电梯技术的发展方向。

——蓝牙技术应用。蓝牙（blue tooth）技术是一种全球开放的、短距离无线通讯技术规范，它通过短距离无线通讯，把电梯的各种电子设备连接起来，取代纵横交错、繁复凌乱的线路，实现无线成网，将极有效地提高电梯产品的先进性和可靠性。

——电梯发展更加环保、绿色。要求电梯更加节能环保，减少噪音污染、油污染和电磁辐射污染，兼容性强，寿命长，电梯中使用的各种原材料（包括装潢材料）均为绿色环保型，与建筑物及自然环境搭配协调，人性化程度高，尽量使用太阳能和风能等绿色能源，减少对环境的破坏，等等。

——电梯产业将网络化、信息化。电梯控制系统将与网络技术紧密地结合在一起，用网络把相互分离的在用电梯连接起来，对其运行情况作即时采集并进行统一监管，统一纳入维保管理系统，快速有效地对故障进行维修；通过电梯网站进行网上交易，既能够实现电梯采购、配置、招投标等，也可在网上申请电梯的定期检验等工作。

第二节 电梯的基本构造

电梯是机械技术与电器控制技术高度结合，用来完成垂直方向运输任务的特种设备。其中的机械部分相当于人的躯体，电气部分相当于人的神经，两者不可分割，关系紧密。机与电的高度合一，使电梯成为现代科技的综合产品，同时对其运行的安全可靠程度要求非常高。

一、电梯的定义

国家标准 GB/T 7024—2008《电梯、自动扶梯、自动人行道术语》规定的电梯定义为：电梯（lift；elevator），服务于建筑物内若干特定的楼层，其轿厢运行在至少两列垂直于水平面或铅垂线倾斜角小于15°的刚性导轨运动的永久运输设备。轿厢尺寸与结构型式便于乘客出入或装卸货物。

根据上述定义，我们平时在商场、车站见到的自动扶梯和自动人行道，并不能被称为电梯，它们只是垂直运输设备中的一个分支或扩充。

二、电梯整体结构

图 1－2 是电梯整体结构图，其中各部分装置与结构如图所示。

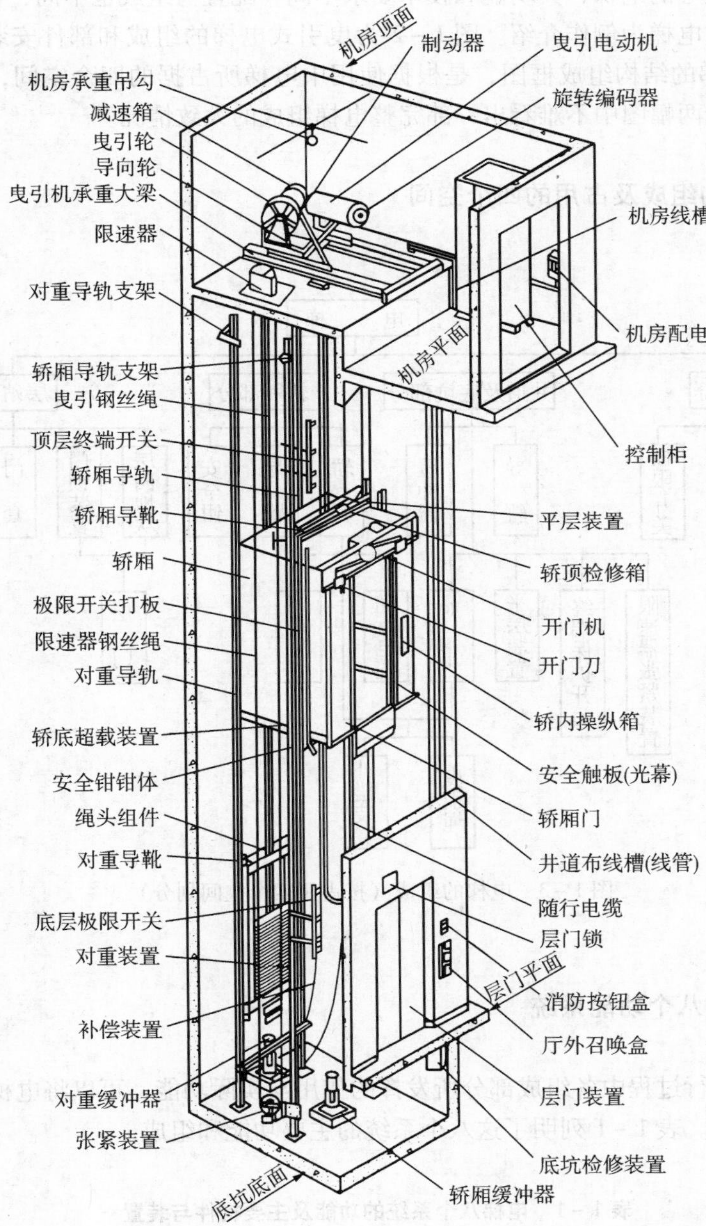
机房顶面
制动器
曳引电动机
机房承重吊勾
旋转编码器
减速箱
曳引轮
导向轮
曳引机承重大梁
限速器
机房线槽
对重导轨支架
机房配电板
机房平面
轿厢导轨支架
曳引钢丝绳
顶层终端开关
控制柜
轿厢导轨
轿厢导靴
平层装置
轿厢
轿顶检修箱
极限开关打板
开门机
限速器钢丝绳
开门刀
对重导轨
轿内操纵箱
轿底超载装置
安全钳钳体
安全触板(光幕)
绳头组件
轿厢门
对重导靴
井道布线槽(线管)
随行电缆
底层极限开关
层门锁
对重装置
层门平面
消防按钮盒
补偿装置
厅外召唤盒
对重缓冲器
层门装置
张紧装置
底坑检修装置
底坑底面
轿厢缓冲器

图 1－2 电梯整体结构

不同规格型号的电梯，其功能和技术要求不同，配置与组成也不同，在此我们以比较典型的曳引式电梯为例作介绍。图1－2为曳引式电梯的组成和部件安装示意图；图1－3是典型电梯的结构组成框图，是根据使用中电梯所占据的四个空间，对电梯结构作了划分。从这两幅图中不难看出一部完整电梯组成的大致情况。

三、电梯的组成及占用的四个空间

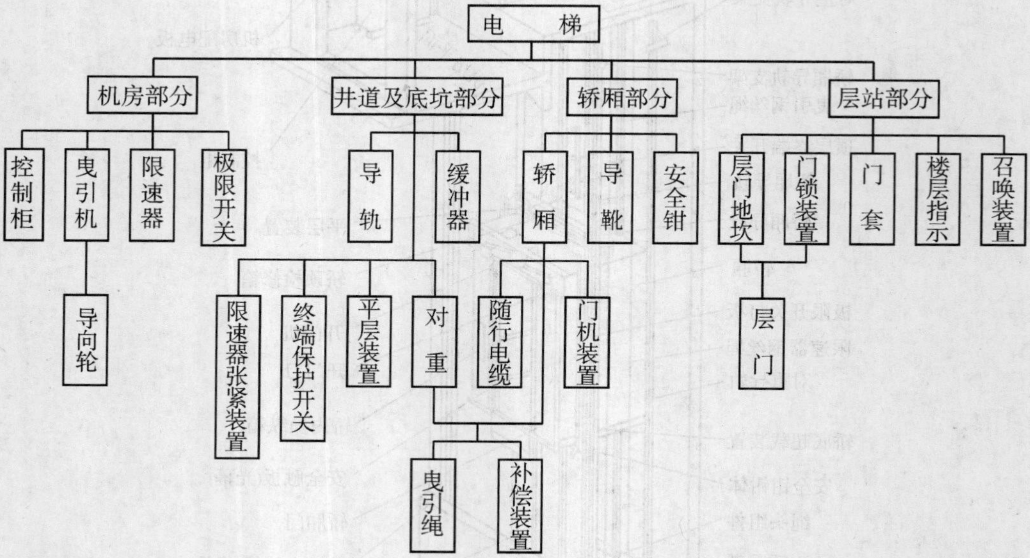

图1－3　电梯的组成（按占用四个空间划分）

四、电梯的八个功能系统

根据电梯运行过程中各组成部分所发挥的作用与实际功能，可以将电梯划分为八个相对独立的系统。表1－1列明了这八个系统的主要功能和组成。

表1－1　电梯八个系统的功能及主要构件与装置

系统	功　能	主要构件与装置
曳引系统	输出与传递动力，驱动电梯运行	曳引机、曳引钢丝绳、导向轮、反绳轮等

续表 1－1

系统	功　能	主要构件与装置
导向系统	限制轿厢和对重的活动自由度，使轿厢和对重只能沿着导轨作上、下运动，承受安全钳工作时的制动力	轿厢（对重）导轨、导靴及其导轨架等
轿厢	用于装运并保护乘客或货物的组件，是电梯的工作部分	轿厢架和轿厢体
门系统	供乘客或货物进出轿厢时使用，运行时必须关闭，保护乘客和货物的安全	轿厢门、层门、开关门系统及门附属零部件
重量平衡系统	相对平衡轿厢的重量，减少驱动功率，保证曳引力的产生，补偿电梯曳引绳和电缆长度变化转移带来的重量转移	对重装置和重量补偿装置
电力拖动系统	提供动力，对电梯运行速度实行控制	曳引电动机、供电系统、速度反馈装置、电动机调速装置等
电气控制系统	对电梯的运行实行操纵和控制	操纵箱、召唤箱、位置显示装置、控制柜、平层装置、限位装置等
安全保护系统	保证电梯安全使用，防止危及人身和设备安全的事故发生	机械保护系统：限速器、安全钳、缓冲器、端站保护装置等 电气保护系统：超速保护装置、供电系统断相错相保护装置、超越上下极限工作位置的保护装置、层门锁与轿门电气联锁装置等

五、电梯的两大结构系统

电梯从大的方面还可分为机械系统与电气控制系统两大部分。其中，机械系统包括曳引系统、导向系统、轿厢系统、重力平衡系统、厅轿门和开关门系统、机械安全保护系统等；电气控制系统主要包括控制柜、操纵箱等 10 多个部件和几十个分别装在各有关电梯部件上的电器元件。

第三节　电梯安装的基本规程

电梯安装是一种专业技术要求高、工艺复杂且危险性较高的工作。在多达几十项工序的安装过程中，任何一个项目的失误都可能造成电梯整机运行性能的下降，甚至造成人身伤亡事故。因此，作为专业的电梯安装单位，建立行之有效的安装安全质量控制体系与安全验收规范是非常必要的。

对于电梯安装行业，国家通过各地市场监督管理局行使监管职能。各安装项目开始前都必须向当地市场监督管理局进行施工告知后方可开工。电梯安装人员属于特种作业人员，需经过专业培训并获得政府部门颁发的上岗证后才能上岗操作。同样，电梯安装单位必须获得政府部门安装资格许可后才能从事相应许可业务范围内电梯的安装业务。在电梯安装完毕后需经当地市场监督管理局认定的电梯检测验收机构验收合格，颁发检验合格标志并经注册登记后方可正式投入使用。

电梯安装工程实施过程中除了基本的电工和钳工作业外，还包含电焊、气焊、吊装等施工作业，而这些作业的环境大多都属于高空作业，用电、用火、起吊的空间狭小，场地复杂，施工中的危险因素较多。所以，在施工作业中必须严格遵守相关规程，做到一丝不苟，防患于未然。

一、总则

（1）电梯安装工必须经过技术培训和安全操作培训，经过有关部门考核合格，持有岗位资格证，方可上岗操作。

（2）电梯工必须熟悉和掌握起重、电工、钳工、电梯驾驶等理论知识和实际操作技术，熟悉高空作业、防火和电焊、气焊的安全知识，熟悉电梯安装、工艺的要求。

（3）非电梯工严禁操作电梯，不得单独进行电梯的维修保养、更新改造、安装操作。

（4）对违反规程的人，根据其违反规程的性质及后果，追究其经济上、行政上直至法律上的责任。

二、基本规程

（1）电梯工接到任务单，必须会同有关人员到现场，根据施工要求和实际情况，采取切实可行的安全措施后，方可进入工地施工。

（2）施工场地必须保持清洁和畅通，材料、杂物必须堆放整齐、稳固，以防倒塌伤人。

（3）操作时，必须正确使用个人劳动防护用品，严禁穿汗衫、短裤、宽大笨重的衣服和硬底鞋进行操作。集体备用的防护用品，必须由专人保管，定期检查，使之保持完好状态。

（4）电梯层门安装前，必须在层门上设置安全护栏，并挂有醒目的标志，在未放置障碍物之前，必须有专人看管。

（5）进出轿厢、轿顶必须思想集中，看清轿厢的具体位置，方可用正确的方法进出，轿厢未停妥不准外出，严禁电梯层门一打开就进去，以防踏空下坠。

（6）在运转的绳轮两旁清洗钢丝绳，必须用长柄刷帚操作，清洗时必须以慢车速度进行，并注意电梯的运行方向，清洗对重方向的钢丝绳时应开上升车，清洗轿厢方向的钢丝绳时应开下降车。

（7）安装曳引机组、轿厢、对重、导轨，或调整更换钢丝绳时，必须由工地负责人统一指挥，使用安全可靠的设备工具，做好人员力量的配备，严禁冒险违章操作。

（8）在施工中严禁站在电梯内外门的骑跨处进行操作或触动按钮或手柄开关，以防轿厢移动发生意外。骑跨处是指电梯的移动部位与静止部位之间，如轿门地坎和层门地坎之间、分隔井道用的工字钢（槽钢）和轿顶之间等。

（9）电梯在调试过程中，必须有专业人员统一指挥，严禁载客。

（10）施工过程中如需离开轿厢必须切断电源，关上内外门并挂上“禁止使用”的警告牌，以防他人开用电梯。

三、安全用电规程

（1）电梯工必须严格遵守电工安全操作规程。

（2）进入机房检修时必须先切断电源，并挂有“有人工作，切勿合闸”的警告牌。

（3）在清理发电机、换向器的控制开关时，不得用金属工具去清理，应用绝缘工具进行操作，手持式电动工具应符合安全规定。

（4）施工中如需用临时线操作电梯时必须做到：

1）所使用的装置应有急停开关。

2）所设置的临时控制线应保持完好，不能有接头，并能承受足够的拉力和具有足够的长度。

3）使用过程中应注意盘放整齐，不得用铁钉或铁丝扎住临时线，并避开锐利的物体边缘，以防损伤临时线。

4）用临时线操纵轿厢上下运行，必须绝对注意安全。

5）不允许短接电梯的安全保护电路及门锁电路。

四、井道作业规程

（1）施工时必须戴好安全帽，登高作业应系好安全带，工具要放在扣紧的工具袋内，大工具要用保险绳扎好，妥善放置。

（2）搭设脚手架必须做到：

1）必须由具有政府机关部门资质的单位来承接搭设任务。

2）单位领导和施工人员应详细向搭建单位交待安全要求，搭建完工后，必须做好验收工作，不符合安全要求的脚手架严禁施工。

3）脚手架如需增加跳板，必须用18号以上的铁丝扎牢跳板两头，严禁使用变质、强度不够的材料作跳板。

4）在施工过程中，施工者应经常检查脚手架的使用情况，发现有隐患之处，应立即停工并采取有效措施，确保安全后才可施工。

5）拆卸脚手架时，必须由上而下，如需拆除部分脚手架，待拆除后，对现存脚手架必须进行加固，确保安全后方可再施工。

（3）安装轨道及龙门架等劳动强度大的工作，必须配备好人力，由专人负责统一指挥，做好安全防护措施。

（4）井道作业施工人员必须上下呼应，密切配合，井道内必须用36 V的低压照明行灯，并有足够的亮度。

（5）在底坑作业时，轿厢内应有专人看管，并切断轿厢内电源，拉开内外门。

（6）在轿顶上进行维修、保养、调试时，必须做到：

1）轿厢内一定要有检修人员或熟悉操作的电梯驾驶员配合，并听从轿顶上检修人员的指挥。检修人员要思想集中，密切注意周围环境的变化，下达正确的口令。当驾驶人员离开岗位时必须切断电源，关闭内外门，并挂好“有人工作，禁止使用”的警告牌。

2）应尽量使用轿顶检修操纵箱的控制按钮，轿厢内人员必须思想集中，注意配合。

3）电梯在将到达最高层时要注意观察，随时准备采取紧急措施。在轨道加油时，必须注意左右电梯上下运行情况，严禁将身体和手脚伸到正在运行的电梯的井道内。

（7）电梯工在设备、金属结构安装过程中必须严格遵守机修工和钳工的安全操作规程。

（8）使用梯子等常用工具设备时，必须严格遵守常用工具设备的安全操作规程。

五、吊装作业规程

（1）使用吊装工具设备，必须仔细检查，确认完好方可使用。在吊装前必须充分估计重量，选用相应的吊装工具设备。

（2）正确选择好挂链条葫芦的位置，使其具有承受足够吊装负载的强度。施工人员必须站在安全位置上进行操作。使用链条葫芦时，如拉不动不得硬拉，必须查明原因，采取措施，确保安全后方可进行操作。

（3）井道和场地吊装区域下面和底坑内不得有人操作和行走。

（4）起吊轿厢时，应用相应的保险钢丝绳将起吊后的轿厢进行保险，确认无危险后，方可回松链条葫芦。在起吊有补偿绳及衬轮的轿厢时，应注意不能超过补偿绳和衬轮的允许高度。

（5）钢丝绳扎头只准将 2 根同规格的钢丝绳扎在一起，严禁扎 3 根或不同规格的钢丝绳，绳扎头规格必须与钢丝绳相符，扎头方向和间距应符合安全要求。

（6）吊装机器，应使机器底座处于水平位置平稳起吊。抬、扛重物时应注意用力方向及用力的一致性，防止滑杠脱手伤人。

（7）顶撑对重应选用大口径铁管或大规格木材，严禁使用变质材料，操作时支撑要垫稳，不能歪斜，做好保险措施。

（8）放置对重块，应用链条葫芦等设备吊装，在人力搬装时应有两人共同配合，防止对重块坠落伤人。

（9）拆除旧电梯时，严禁先拆限速器、安全钳，有条件的应搭脚手架，如无脚手架，必须落实可靠的安全措施后方可拆卸，并注意相互配合。

（10）电梯工在吊装起重设备和材料时，必须严格遵守高空作业和起重工安全操作规程。

六、防火措施规程

（1）各种易燃物品必须贯彻用多少领多少的原则，当天用剩的易燃物品必须妥善保管在安全的地方，油回丝不能随便乱抛。

（2）施工中凡需动明火，必须通知使用单位，重点单位应通知单位保卫科、安全部门及市消防机关。施工前做好防火措施，施工过程中必须有使用单位专人值班，每班明火作业后，应仔细检查现场，消除火苗隐患。

（3）焊接、切割必须严格遵守电焊工安全操作规程。使用喷灯时，必须严格遵守喷灯的安全操作规程。

复习思考题

1. 简述电梯的发展趋势。
2. 电梯的四大空间和八大系统各是哪些？
3. 电梯安装应遵循哪些规程？
4. 电梯安装工程中包含哪些工种的作业？

第二章 电梯安装工程管理

电梯安装工程是一项复杂的系统工程，需要多方合作、共同协调配合进行管理。管理的过程贯穿于电梯的整个安装过程，从进场准备到验收移交使用的各个项目都要进行管理，才能保证电梯安装工程按照工程计划进度安全顺利地实施，保证电梯安装工程的质量，为电梯的后续使用打下良好的基础。

第一节 电梯安装管理的项目

电梯安装管理项目是指电梯购买使用的业主方管理人员、电梯售卖方管理人员或工程监理人员、电梯安装单位组织管理人员三方对电梯安装过程的计划、进度、质量、安全及现场的管理。以上人员统称项目管理人员。

电梯安装工程管理项目的内容主要包括：井道机房的检查和确认，设备开箱检查，设备的吊装与脚手架搭设，设备的安装与调试，竣工检验，当地电梯安装监督检验机构的检验，设备的移交，等等。

一、设备进场开箱检查

设备的开箱检查一般在安装现场进行。目的是检查所到设备的部件是否完好、齐全，整机和主要部件的型号、规格、产地是否符合合同规定。

开箱检查工作一般由电梯安装工程总包方项目管理人员主持，供货商、安装单位人员参加。部件的清点和开箱后的保管由安装单位负责。开箱检查属安装过程的质量控制。一般程序和内容如下：

1. 发运通知（发货单）与装箱单的核对

开箱前应首先核对发运通知和装箱单是否相符。发运通知由供货商在货物发运前向电梯购买方发出，内容包括电梯的合同号、名称、型号、规格、台数、箱数和箱的编号、名称等。装箱单一般随箱发运，详细记录每个包装箱内的零部件型号、规格、数量。在开箱前，首先按发运通知核对所到货物的合同号、名称、型号、规格、台数、箱数和箱的编号、名称等是否与发运通知一致。如不相符，不得开箱。

2. 开箱检查

开箱前应首先检查包装箱的完好性，如发现有破损，应加以记录（包括照相）。检查按装箱单进行。检查的内容主要为：

（1）部件种类和数量：如发现短缺，电梯售卖方应负责补齐。

（2）损坏锈蚀：如发现零部件有损坏锈蚀，电梯售卖方应及时更换。

（3）零部件原产地：如发现不符合合同规定，电梯售卖方应更换。

所有的补齐、更换工作都不能影响安装工程的进度。

3. 开箱检查的记录

开箱检查时，应做好详细的检查记录，对检查结果，项目管理人员、供货商、安装单位应共同签字确认。记录的种类主要为：

（1）到货检查表：记录包装、装运标记是否符合合同的规定，包装的外观是否完好，货物的编号、名称、数量是否与发货单相符合。

（2）开箱检验单：记录零部件的数量、型号、规格是否与装箱单相符；货物有无破损、损坏、锈蚀，整机和主要部件原产地是否符合合同要求等情况。

（3）开箱工作纪要：视需以会议纪要形式，将开箱过程、参加人员、存在的问题、责任、解决方法等加以说明，作为开箱结果的依据。

4. 货物交接单

开箱检验后，应填写货物交接单。交接单应详细列明包装箱号、货物的名称、型号、规格、数量等，作为向安装单位移交的依据。清点好的货物由安装单位负责保管。如供货与安装是同一个单位，也应进行这项工作。

二、安装现场的检查与确认

安装现场的检查包括井道与机房的检查、运输通道的检查、吊装方案设计、货物堆放场地检查等，一般应由电梯安装工程总包方管理人员或技术人员在设备发运前进行，发现问题要及时提交电梯购买使用方管理人员协调处理。

安装现场的确认包括井道机房的复检、施工条件检查、落实工具房等内容。一般可在安装进场前1～2周进行，由安装单位进行确认。

检查工作应由项目管理人员和电梯安装单位管理人员共同进行。主要检查井道和机房是否符合井道、机房布置图的要求。同时，还应检查运输通道和货物堆放场地。检查由安装单位负责操作，将检查结果写入记录表中，同时对需要做整改的内容也加以记录，双方签字认可。

1. 电梯井道和机房的检查

电梯井道和机房的检查主要是检查井道的尺寸、底坑深度和顶层高度、门洞的宽度和高度、机房的尺寸和开孔、机房的配电等。

(1) 井道的尺寸：指井道的宽和深应符合要求。井道壁应是垂直的，尺寸只允许正偏差。其尺寸指用铅垂法测得的最小水平净空尺寸，允许偏差一般为不大于50 mm。

(2) 底坑深度和顶层高度：底坑深度和顶层高度关系到电梯的使用安全，与电梯的速度有关。GB/T 7025—2008《电梯主参数及轿厢、井道、机房的型式与尺寸》对各类电梯的底坑深度和顶层高度作了规定。各厂家的电梯由于结构不同，对底坑深度和顶层高度往往有不同的要求，但一般不应小于GB/ T 7025—2008的规定。底坑深度和顶层高度只允许出现正偏差。

(3) 机房：包括机房的尺寸、高度，各种预留孔洞的位置和尺寸，以及吊钩等是否符合要求。机房还应有良好的通风条件，一般应使机房温度不超过40 ℃。

(4) 机房配电：业主方应将供电电源引入机房，并安装有开关箱。

2. 运输通道、吊装方案和货物堆放

(1) 运输通道。运输通道指货物从建筑物外运入安装现场的路线。检查时应充分考虑包装箱的尺寸，包括长、宽、高和重量，以及货物如何转弯、如何起吊等。在检查时还应提出使用运输通道的日期和占用时间，将其纳入工程总的施工设计之中，以避免出现货到现场时道路不通的现象。

(2) 吊装方案设计。吊装方案设计的内容包括将货物运入安装现场的路线、方法、使用设备等。应根据运输通道的实际情况合理地加以设计。吊装方案关系到安全，应由有起重运输资质的单位完成，经安装单位确认后报由项目管理人员认可。

(3) 货物堆放场地。货物到工地后需要有堆放场地，除有足够面积外，还应考虑防雨水、防盗等，以及施工时的方便。开箱后的零部件要合理放置和保管，避免压坏或使楼板的局部承受过大载荷。根据部件的安装位置和安装作业的要求就近堆放部件，避免重复搬运，以便安装工作的顺利进行。电梯的包装一般不防水，特别是电器件的包装箱尤应注意防水保护，应放在室内，妥善保管。

3. 安装现场的确认

安装现场确认的内容包括：井道与机房的复检，施工条件检查，工具房的确定，施工前准备，等等。

(1) 井道与机房复检。以井道与机房的布置图和检查记录为依据，对井道与机房的尺寸加以复检。重点检查整改内容是否已完成。

(2) 施工条件检查。

1) 检查井道机房的施工面是否已具备安装电梯的条件，包括是否有其他施工项目占用了电梯安装的施工面，是否有杂物的堆放可能影响电梯安装，等等。

2）检查供电是否满足施工条件。如果还不能提供永久电，业主方应提供施工临时电，并将电源接至井道附近或机房中。施工用电一般由安装单位自付费用，并应自行安装电表和相应的用电开关。

(3）工具房的确定。工具房用于放置施工工具和零部件，需要有一定的面积，同时位置应尽量靠近井道，以提高安装施工效率。电梯安装监理应协助安装单位落实工具房的位置。施工单位应自行将工具房上锁，保护好里面的工具和零部件。

(4）施工前准备。将作业工作面或井道、机房等空洞用护栏围住，防止无关人员进入作业区。同时，应提前准备作业的吊装和安装用的工具。安装小组的成员还应仔细阅读随机文件，掌握、熟悉电梯的结构和工作原理。

4. 办理电梯安装开工告知书

在电梯安装施工开工前，电梯安装单位必须依据《特种设备安全监察条例》及国家市场监督管理总局颁布的相关安全技术规范，向当地市场监督管理局申请办理《电梯安装开工告知书》。

(1）办理《电梯安装开工告知书》时应提供的资料。

1）《电梯安装开工告知书》（加盖红印章一式三份）。

2）制造、施工单位许可证的副本原件及复印件（留存加盖红印章复印件）。

3）产品出厂合格证和主要安全零部件的型式试验报告及调试证书（复印件）。

4）安装使用维护说明书。

5）安装人员特种设备作业操作证（复印件）。

6）施工方案。

7）产品销售合同和安装合同（复印件）。

(2）办理程序。

1）填写《特种设备安装、改造、维修告知书》一式四份。

2）备齐以上资料到当地市场监督管理局进行书面告知。

3）施工单位及时联系有电梯检验资格的技术机构进行监督检验并交回受理通知书回执。

《电梯安装开工告知书》也可以采用网上申报的办法进行办理。

(3）办结期限。在接到告知资料后 5 个工作日内完成。对不符合国家有关法规和标准规定的，提出纠正意见，纠正工作完成后，方准许可施工。10 个工作日内未提出纠正意见的，可视为准许施工。

5. 设备的安装与调试

电梯的安装工作实质上是电梯的总装配，而且这种总装配工作在远离制造厂的安装现场进行，这就使电梯安装工作比一般机电设备的安装工作更重要、更复杂。因此，要求电梯安装的专业队伍和人员必须是专业的，并持有电梯安装上岗证。

电梯完成现场开箱检查和安装现场确认后，即可进入设备的安装阶段。

6. 电梯安装验收、注册登记

（1）安装验收。安装、大修或改造后拟投入使用的电梯，应当按照《电梯监督检验规程》，对规定的内容进行检验。安装验收申请应填写专门表格，交由当地电梯检验机构负责受理。

电梯检验机构应当对检验过程严格控制，制定严谨和完善的包括检验程序和检验流程图在内的检验实施细则，并应当要求检验人员严格执行。如发现异常或特殊情况，经请示电梯检验机构同意，检验人员可按照电梯有关国家标准增加检验项目。对于不具备现场检验条件的电梯，继续检验可能造成安全和健康损害的，检验员可以终止检验。

电梯检验机构应当在安装施工单位自检合格的基础上进行验收检验。施工单位自检的内容、要求、方法及自检报告应当符合《电梯制造与安装安全规范》（GB 7588—2003）和《电梯安装验收规范》（GB 10060—93）等国家标准的要求，安装单位还应提供有关隐蔽工程的记录。

（2）检验方法。电梯检验机构对电梯检验的内容与方法应按《电梯监督检验规程》规定执行。

（3）检验机构。电梯检验机构须取得相应资格并经授权，检验人员应取得相应资格。此外，还应按《电梯监督检验规程》的要求，配备所需的检测检验仪器和检测工具，其精度应当满足要求，且均应在法定计量检定合格的有效期内。执行检验任务的当地电梯检验机构对受检电梯应出具检验报告并颁发安全检验合格标志。

（4）注册登记。新增电梯需取得安全检验合格标志后，持检验报告到地、市以上市场监督管理局电梯安全监察机构注册登记，方可投入运行。

三、电梯安装工程的关键技术管理内容

1. 电梯安装工程的技术准备

（1）图纸会审时要认真对照分析业主提供的电梯产品技术文件及土建电梯井道、机房施工平面图，有不妥之处与业主书面沟通完善，以满足电梯产品的要求。

（2）编制项目施工组织设计及施工工艺，确保工程项目能够按期完成，符合合同规定的质量条件。

（3）开工前必须将工程施工合同及施工组织设计及时告知电梯安装施工队，使之熟悉施工操作工艺的各项要求、工期要求、质量目标以及施工过程中应注意的问题。

（4）要结合工程特点和工艺要求，以书面形式向电梯安装队交待各项工序应遵守的安全操作规程及现场的安全环保制度。

2. 电梯安装工程的关键技术要求

(1) 施工方案的选定要根据工程特点、产品特性、业主要求确定施工方案，明确质量、安全、工期、环保等目标。

(2) 基准线是导轨安装的度量基准，悬挂时要充分考虑井道的前后空间尺寸，确保运动部件的安全。稳固基准线时应在无风的时候进行，为缩短线坠摆动时间，应将线坠放入水桶或油桶内，稳固后，用激光放线仪校验，基准线与中心线误差、两侧导轨对角基准线的连线长度误差应不大于1 mm。

(3) 导轨校验时导轨垂直度、间距、扭曲度的大小决定了电梯最终的舒适性能，为确保工艺精度要求，应使用导轨专用校道尺。校道尺与导轨侧面、端面接触的工作面应刨平、相互垂直，与导轨端面、侧面应贴紧，以保证其精度。

第二节 电梯安装的安全管理

一、电梯安装现场影响安全施工的环境因素及危险因素

电梯安装的安全管理主要是安装现场的安全管理。电梯的零部件在用户工地的井道、机房及楼层等场地组装，施工的环境条件较差，作业的危险性较高，安全管理的工作内容及责任较大。

1. 施工的环境因素

施工的环境因素主要表现在以下方面：

(1) 没有宜居的住房，居住条件简陋，生活艰苦。

(2) 没有完善的库房，材料、工具及个人物品的保管较困难。

(3) 没有完整的加工场地，在工地上施工的队伍复杂，施工过程的交叉较多。

2. 施工场地的危险因素

施工人员在施工场地的危险因素主要有：

(1) 在脚手架及临时设置的平台上高空作业，存在高空坠落的危险。

(2) 施工时使用临时电源，施工现场缺少安全措施，存在漏电伤人的危险。

(3) 物流及安装人员的通道较复杂，存在安全隐患。

(4) 施工中的立体作业情况较普遍，存在高空坠物伤人的危险。

3. 电梯安装工程的安全要求

电梯安装是危险性较大的特种作业，因此，要求施工人员在复杂的工作场地上必须有较高的安全意识和自我保护意识，同时要严格遵守各项安全规程，施工中做到不伤害别人，也不被别人伤害。电梯安装工程的关键安全要求主要有：

(1) 在井道内施工时，层门洞必须有不低于1.2 m的防护栏杆。

（2）井道内施工时每隔四层设一道安全网。

（3）在调试过程中严禁短接层门门锁安全回路，要保证在开门状态电梯不能运行。

（4）施工人员进入施工现场必须戴好安全帽并系好帽带，井道施工时必须系好安全带，进行电焊作业时应戴上焊工手套及防护面罩。

二、电梯安装工程施工安全管理的内容及要求

1. 建立施工安全管理组织及安全管理责任制

（1）建立安全管理组织。在电梯安装施工过程中，安全管理的第一责任人是负责组织施工的项目经理，由其负责组建成立有效的安全管理组织机构，明确组织机构的各级安全责任，确定安全管理目标，明确并分解安全管理目标，落实到相关职能部门、施工作业队及各施工人员。

（2）建立安全管理责任制。安全管理责任制是安全管理体系的主要文件，是岗位责任制的重要组成部分。它明确了各级管理层、各部门及施工作业班组和施工人员的责任，是保障项目安全施工的重要手段。

1）项目经理对本工程项目的安全生产负全面领导责任，应组织并落实施工组织设计中的安全技术措施，监督施工中安全技术交底制度和机械设备、设施验收制度的实施。

2）项目工程师对本工程项目的安全生产负技术责任，参加并组织编制施工组织设计及编制、审批施工方案时，要制定、审查安全技术措施，保证其可行性与针对性，并随时检查、监督、落实。

3）安装队长对所管辖安装队伍的安全生产负直接领导责任，针对生产任务特点，向管辖的施工人员进行书面安全技术交底，每天做好班前安全教育，并对规程、措施、交底要求的执行情况经常检查，随时纠正违章作业。

4）安全员负责按照安全技术交底的内容进行监督、检查，随时纠正违章作业。

2. 施工安全技术措施的主要内容

（1）严格按照施工总平面布置图，做好电梯工程现场各项设施的布置，使其符合安全技术要求。

（2）确定工程项目施工全过程中高空作业、机械操作、起重吊装作业、动用明火作业、带电调试作业等安全技术措施。

（3）确定冬季、雨季、夏季高温期、夜间等施工时的安全技术措施。

（4）确定重大风险因素产生的部位和过程，对风险大和专业性较强的工程项目施工，如大型设备吊装、动用明火等都需要进行安全论证，制定相应的安全技术措施。并依据有关法规规定，报送相关的监督机构审批。

（5）针对工程项目的特殊需求，补充相应的安全操作规程或措施。

（6）针对采用新工艺、新技术、新设备、新材料施工的特殊性制定相应的安全技术措施。

（7）对施工各专业、工种、施工各阶段、交叉作业等编制针对性的安全技术措施。

3. 电梯安装工程施工安全技术内容

（1）对施工人员的安全技术要求。

1）施工人员必须取得电梯安装上岗证，并经身体检查合格，方可从事电梯安装。若患有心脏病、高血压病、恐高症者，不得从事电梯安装操作。

2）施工人员进入施工现场，必须遵守现场一切安全制度，并按规定穿戴个人防护用品。操作时精神集中，严禁酒后上岗施工。

3）电梯安装井道内使用的照明电压不得超过36 V的安全电压。操作用的手持电动工具必须绝缘良好，漏电保护器灵敏、有效。

4）在电梯井道内操作时必须系安全带，以防止高空坠落；上、下走楼梯，不得攀爬脚手架；操作使用的工具用毕必须装入工具袋，防止工具坠落伤人；严禁上、下抛扔物料。

5）电梯井道的脚手架必须经过验收合格，办理交接手续后方可使用。

6）焊接动火应办理用火证，备好灭火器材，严格执行消防制度。施焊完毕必须检查火种，确认已熄灭方可离开现场。

7）设备拆箱、搬运时，拆箱板必须及时清运码放到指定地点，并把钉子打弯防止钉子扎脚。抬运重物时要前后呼应，配合协调，防止轧手和砸脚。

8）较长的部件及材料必须平放，防止倾倒。

9）设备及材料应分类堆放，易燃易碎物品必须严格单独保管。

10）重型设备应根据建筑要求放于承重梁上或分散加垫板堆放。

（2）施工电气使用安全技术要求。

1）手持电动工具电源必须加装漏电开关，所用导线必须是橡胶软线，其芯数应同时满足工作及保护接零的需要。

2）井道照明及手持灯的电压必须是36 V以下，变压器应用双圈的一、二次侧应有熔断保护，照明灯泡必须远离易燃物。

3）所有电器用具做好接零保护：保护零线必须单独直接与零干线相连；工作零线与保护零线必须严格分开，不可借用。

4）禁止以线头直接插入插座内使用各种电器。

5）行灯变压器及电焊机电源线必须使用电缆或用塑料管保护，接线端子必须用绝缘物包好。

6）控制柜接线时，应预防人体静电对电子板的干扰。

7）端站的限位、极限开关必须可靠工作。

8）施工过程产生的废料要按规定放置，不得随意抛弃。

（3）电（气）焊作业安全技术要求。

1）电（气）焊工作现场要备好灭火器材，有具体的防火措施。要设专人检查，下班时要检查施工现场，确认无隐患后方可离去。

2）用气焊切割部件时，要在地上铺设铁板，防止割下的焊渣破坏已装修好的地面。

3）乙炔瓶与氧气瓶离明火的距离不得小于 10 m，冬季施工时要预防乙炔瓶受冻，受冻时严禁用火烤解冻。

4）乙炔瓶只许立用，不得垫在绝缘物上，不得敲击、碰撞，不应放置在地下室等不通风场所。

（4）用电安全技术要求。

1）施工人员必须严格遵守电工安全操作规程。

2）在进入机房检修时必须先切断电源，并悬挂“有人工作，切勿合闸”警告牌。

3）在机房通电、清理控制屏开关时，不得使用金属工具，应用绝缘工具进行操作。

4）施工中如需用临时线操纵电梯时必须做到：所使用的按钮装置应有急停开关和电源开关；所设置的临时控制线应保持完好，不允许有接头，并能承受足够的拉力和具有足够的长度；在使用临时线的过程中，应注意盘放整齐，不得用铁钉或铁丝扎紧固定临时线，并避免触及锐利物体的边缘以防损伤临时线；使用临时线操纵轿厢上、下运行，必须谨慎，注意安全。

5）施工中使用的临时照明灯具，应有用绝缘材料制成的灯罩，避免灯泡接触物体，其电压不得超过 36 V。

6）电气设备未经验电，一律视为有电，必须使用绝缘良好、灵敏可靠的工具和测量仪表检查。禁止使用失灵或未经按期校验的测量用具。

7）电气开关跳闸后，必须查明原因，排除故障后方可合上开关。

（5）调试时的安全技术要求。

1）调试过程中应口令清晰、准确，必须有呼有应。

2）机房试车时，轿厢内不能站人，封掉开门机线路，使轿厢不自动开门。快车运行正常后，再接通开门机构。

3）试车过程中应在轿厢内张贴“正在调试，严禁乘坐”的标语。

4）试车时严禁短接或断开安全回路的开关。安全开关的故障必须排除后，才能继续试车。

三、电梯安装工程施工安全事故的管理

1. 现场安全事故的分析及其处理程序

施工现场如发生安全生产事故，负责人员或最先发现事故的人员应立即报告；施工单位应按照国家有关伤亡事故报告和调查处理的规定，及时、如实地向负责安全生产监督管理的部门、建设行政主管部门或其他有关部门报告；特种设备发生事故的，还应当同时向特种设备安全监督管理部门报告。建设工程生产安全事故的调查、对事故责任单位和责任人的处罚与处理，按照有关法律、法规的规定执行。

安全事故的处理参照《企业职工伤亡事故报告和处理规定》（国务院 1991 年 75 号令）执行。

2. 安全事故分级

伤亡事故按其严重程度分为轻伤事故、重伤事故、死亡事故、重大死亡事故、特别重大事故等（建设部按程度不同把重大事故分为一至四级）。轻伤事故和重伤事故由施工企业调查、处理结案；死亡事故、重大死亡事故按照企业隶属关系由省级主管部门会同同级劳动、公安、监察、工会及其他有关部门人员组成事故调查组，由同级劳动部门处理结案；特别重大事故由国务院统一组织，或国务院授权有关部门组织调查处理结案。

3. 伤亡事故发生时的应急措施

（1）施工现场人员要有组织、听指挥，首先抢救伤员和排除险情，采取措施防止事故蔓延扩大。

（2）保护事故现场。确因抢救伤员和排险要求，必须移动现场物品时，应当作出标记和书面记录，妥善保管有关证物；现场各种物件的位置、颜色、形状及其物理、化学性质等应尽可能保持事故结束时的原来状态；必须采取一切可能的措施，防止人为或自然因素的破坏。

（3）事故现场保护时间通常要到事故结案后，当地政府行政管理部门或调查组认定事实原因已清楚时，现场保护方可解除。

电梯安装工程的安全管理工作要以“安全第一，预防为主”为指导思想常抓不懈，安全管理的要点是注重细节，防患于未然，文明施工。

第三节　电梯安装的质量管理

电梯安装工程的质量关系到电梯安装工程的交付验收、电梯的安全和正常使用，同时影响到电梯安装的成本和安装单位及电梯制造企业的质量信誉。

一、影响电梯安装工程质量的因素

在电梯安装工程中影响工程质量的因素主要有：

（1）施工有关人员的质量意识和标准意识以及安装的技术素质。

（2）设备和机具（包括检测用具）的完好和精度。

（3）材料的合理使用及使用质量。

（4）施工方法的合理性。

（5）环境对工程质量的影响。

（6）控制质量措施的落实程度。

以上因素可以归结为“人、机、料、法、环、控”六个要素的质量管理内容。电梯安装工程的质量管理也是基于对这六个要素的控制来进行的。电梯安装工程的关键质量要求主要有：

（1）导轨垂直度、扭曲度误差、门轮与地坎间隙需确保符合工艺标准及国家标准的要求。

（2）绳头组合要严格按照工艺要求制作，以确保绳头组合的质量。

（3）电梯调试中电梯的起动、制动、加速度整定值应符合设计及国家标准的要求，需用专用仪器测量。

二、电梯安装工程质量管理的基本制度

1. 电梯安装工程的现场质量管理制度

（1）具备完善的验收标准、安装工艺及施工操作规程。

（2）具备本企业制定的包含施工全过程的各个工序的安装工程过程控制文件及项目质量计划。

2. 电梯安装工程施工质量控制制度

（1）电梯安装前，对施工现场应具备的施工条件勘察确认后，应进行土建交接检验，并填写书面交接记录。

（2）电梯设备进场验收，应三方（厂家、业主代表、安装单位）共同进行，并将缺损件填写在电梯开箱点件记录表上。

（3）电梯安装的各道工序均需要按照自检、互检、安装队长及项目经理确认的质量控制制度进行确认，隐蔽工程项目作业前必须事先邀请业主代表到场确认并在相关质量记录表上签字，安装队长负责及时填写各道工序的质量记录表，各道工序合格后报请本企业质量管理部门检查确认。

（4）安装企业的质量管理部门应根据项目的检验计划及时进行各工序的质量检查确认，并对不合格项提出书面整改意见，整改后复检确认，全部合格后填写当地政府质量验收部门规定的质量验收记录表格。

（5）安装过程中若需要变更技术，应事先征得厂家及业主的签字确认后进行，并办理变更手续。

三、电梯安装工程质量管理的内容及要求

1. 对电梯安装人员及相关质量管理检验人员的要求

电梯安装工程质量的管理要树立“全员管理”和“全过程管理”的思想，管理的首要要素是人，是从事电梯安装工程施工、技术、管理、检验等工作的人员，并且管理的过程必须适时有效。人的要素管理的要求包括：

（1）电梯安装人员除了必须掌握电梯安装相关工种的技能、电梯安装检验验收标准和持证上岗外，还必须具备良好的职业道德素养和质量意识。

（2）电梯安装人员要不断学习新的电梯技术知识，掌握新的电梯安装标准，不断提高技术素质。

（3）电梯安装人员要认真做好施工过程中的自检和互检工作，严格按安装标准和施工工艺进行施工，并认真如实填写好各项施工及检验记录。

（4）电梯安装工程质量管理人员要严格执行质量管理制度，控制施工现场的工程质量及相关工作质量。

（5）质检人员在工程各环节的检验工作中要细致，做好各项检验记录，及时纠正施工中的质量问题。

2. 对施工机具及测量器具的管理要求

电梯安装工程施工机具及测量器具对施工质量有很大的关系，“工欲善其事，必先利其器”的“器”指的就是施工机具和测量器具。电梯安装施工用的机具主要为电焊机、电气焊工具、电锤、切割机、卷扬机及电工钳工工具等，测量器具主要有激光放线仪、自制校道尺及精校尺、自制线坠、水平尺、磁力线坠及量具等。相应的管理要求有：

（1）施工机具要保持完好、齐备，使用前要认真检查，有损坏的要及时修理或更换。

（2）测量器具要保持测量精度，使用方法要正确，量具要按时进行计量。

（3）机具和测量器具要妥善分类保管和保养。

3. 对材料质量的关键要求

（1）安装电梯的主材主要是电梯产品本身，对主材的控制主要是通过开箱点件这

一工序来完成。点件过程中应认真细致，查验配件的包装是否完好，铭牌与电梯型号是否相符；对缺损件认真登记，并及时请业主、厂家签字确认。施工过程中发现的不合格产品，要及时请厂家确认负责补齐；对施工过程中损坏的配件，应按厂家要求购买指定的产品。

（2）施工过程中用的主要辅助材料为型钢、电焊条、钢板、膨胀螺栓、配件等。采购时应选用信誉好、质量好的厂家的产品，并要求供应商提供产品合格证、材质证明。

（3）对材料要妥善分类保管，防止锈蚀、弯曲、变形及损坏。

4. 对施工工艺的管理要求

电梯安装工艺是指导电梯安装工程的技术文件，其中包含安装内容、安装步骤、安装标准、安装方法说明及技术参数等重要内容。因此，在电梯安装过程中，施工人员要严格执行施工工艺，对工艺有疑问的要及时向技术人员咨询，并妥善保管好工艺资料。

5. 对施工环境的管理要求

施工环境对电梯安装工程质量的影响也较大。电梯安装工程的施工环境包括施工现场的工作环境和生活环境。一般来说，电梯安装工程的施工都远离工厂或公司，工作环境和生活环境都比较艰苦，条件比较差。因此，从现代质量管理的理念来说，环境的管理显得尤为重要，在某些程度上比其他质量管理的项目还重要。

（1）对于工作环境，施工人员应尽量保持清洁、整齐，及时整理、整顿施工现场，改善工作环境。

（2）对于生活环境，施工人员要保持卫生和良好的生活作息习惯。

（3）电梯安装单位要对施工环境进行监管，尽量为施工人员创造良好的施工环境。

6. 控制质量措施落实的管理要求

电梯安装工程控制质量措施的落实要从工程的各个环节入手，措施的执行要落实到具体人员，实施要有效或有所提高。

四、电梯安装工程质量标准的主要控制内容

1. 设备进场验收

随机文件必须包括下列资料：①土建布置图；②产品出厂合格证；③门锁装置、限速器、安全钳及缓冲器的型式试验证书复印件。

2. 作业条件

（1）机房内部、井道土建结构及布置必须符合电梯土建布置图的要求。

（2）主电源开关必须符合下列规定：

1）主电源开关应能够切断电梯正常使用情况下的最大电流。

2）对有机房电梯该开关应能从机房入口处方便地接近。

3）对无机房电梯该开关应设置在井道外工作人员方便接近的地方，且应具有必要的安全防护。

（3）井道必须符合下列规定：

1）当底坑底面下有人员能到达的空间存在，且对重（或平衡重）上未设有安全钳装置时，对重缓冲器必须能安装在一直延伸到坚固地面上的实心桩墩上。

2）电梯安装之前，所有层门预留孔必须设有高度不小于 1.2 m 的安全保护栏杆，并应保证有足够的强度。

3）当相邻两层门地坎间的距离大于 11 m 时，其间必须设置井道安全门。井道安全门严禁向井道内开启，且必须装有安全门处于关闭时电梯才能运行的电气安全装置。当相邻轿厢间有相互救援用轿厢安全门时，可不执行本款。

3. 样板架安装、挂基准线施工工艺

（1）基准线的确定。确定基准线时应考虑井道各方的尺寸，尽量避免剔凿作业，又要保证运动部件与墙的间隔符合要求。

（2）基准线的稳固与校验。稳固基准线应在无风时进行，必须在基准线自然停止时才能进行稳固。为保证其精度要求，稳固后应校验基准线间距及对角基准线尺寸，并用激光放线仪再次校验。

4. 导轨架及导轨安装

导轨安装必须符合土建布置图要求。

5. 机房机械设备安装

（1）曳引机紧急操作装置动作必须正常。可拆卸的装置必须置于曳引机附近易接近处。

（2）限速器动作速度整定封记必须完好，无拆动痕迹。

6. 轿厢安装

（1）当距轿底面在 1.1 m 以下使用玻璃轿壁时，必须在距轿底面 0.9～1.1 m 的高度安装扶手，且扶手必须独立地固定，不得与玻璃有关。

（2）层门地坎至轿厢地坎之间的水平距离偏差为 0～+1.5 mm，且二者平行度偏差小于1 mm，二者最大间距严禁超过 35 mm。

7. 层门安装

（1）层门强迫关门装置必须动作正常可靠。

（2）动力操纵的水平滑动门在关门开始的 1/3 行程之后，阻止关门的力严禁超过 150 N。

（3）层门锁钩必须动作灵活，在证实锁紧的电气安全装置动作之前，锁紧元件的最小啮合长度为 7 mm。

8. 井道机械设备安装工艺

当安全钳可调节时，安全钳整定封记必须完好，且无拆动痕迹。

9. 钢丝绳安装

（1）绳头组合必须安全可靠，且每个绳头组合必须安装防螺母松动和脱落的装置。

（2）钢丝绳严禁有死弯、断丝。

（3）当轿厢悬挂在两根钢丝绳或链条上，且其中一根钢丝绳或链条发生异常相对伸长时，为此装设的电气开关应动作可靠。

10. 电气装置安装

（1）电气设备接地必须符合下列规定：

1）所有电气设备及导管、线槽的外露可导电部分均必须可靠接地。

2）接地支线应分别直接接至接地干线线柱上，不得互相连接后再接地。

3）随行电缆严禁有打结和波浪扭曲现象。

（2）导体之间和导体对地之间的绝缘电阻必须大于1000 Ω/V，且其值不得小于：

1）动力电路和电气安全装置电路：0.5 MΩ。

2）其他电路（控制、照明、信号等）：0.25 MΩ。

11. 整机调试

（1）安全保护装置。

1）断相、错相保护装置或功能：当控制柜三相电源中任何一相断开或二相错接时，断相、错相保护装置或功能应使电梯不发生危险故障。

2）短路、过载保护装置：动力电路、控制电路、安全电路必须有与负载匹配的短路保护装置，动力电路必须有过载保护装置。

3）限速器铭牌上的额定速度、动作速度必须与电梯相符，限速器型号必须与其型式试验证书相符。

4）上下极限开关：上下极限开关必须是安全触点，在端站位置进行试验时必须动作正常。在轿厢或对重接触缓冲器之前必须动作，且缓冲器完全压缩时，保持动作状态。

5）轿顶、底坑、机房（如果有）的停止装置的动作必须正常可靠。

6）限速器张紧开关、液压缓冲器复位开关、补偿绳张紧开关、轿厢安全窗开关必须动作可靠。

7）当额定速度大于3.5 m/s时，补偿绳防跳开关动作可靠。

（2）限速器安全钳联动试验必须符合下列规定：

1）限速器与安全钳电气开关在联动试验中必须动作可靠，且应使曳引机立即制动。

2）对瞬时式安全钳，轿厢应载有均匀分布的额定载重量；对渐进式安全钳，轿厢应载有均匀分布的125%额定载重量。当短接限速器及安全钳电气开关，轿厢以检修速度下行，人为使限速器机械动作时，安全钳应可靠动作，轿厢必须可靠制动，且轿底倾斜度不大于5%。

（3）层门与轿门的试验必须符合下列要求：

1）每层层门必须能够用三角钥匙正常开启。

2）当一个层门或轿门（在多扇门中的任何一扇门）非正常打开时，电梯严禁启动或继续运行。

（4）曳引机的曳引能力试验必须符合下列规定：

1）轿厢在行程上部范围空载上行及行程下部范围载有125%额定载重量下行，分别停层3次以上，轿厢必须可靠地制停（空载上行工况应平层）。轿厢载有125%额定载重量以正常运行速度下行时，切断电动机与制动器供电，电梯必须可靠制动。

2）当对重完全压在缓冲器上，曳引机按轿厢上行方向连续运转时，空载轿厢严禁向上提升。

第四节　电梯安装工程费用核算

电梯安装工程费用核算参照建筑安装费用核算方法进行。费用由直接费、间接费、利润和税金组成。

一、直接费

直接费由直接工程费和措施费组成。

1. 直接工程费

直接工程费是指施工过程中耗费的构成工程实体的各项费用，包括人工费、材料费、施工机械使用费。

（1）人工费：是指直接从事电梯安装工程的安装人员开支的各项费用，包括：

1）基本工资：是指发放给安装人员的基本工资。

2）工资性补贴：是指按规定标准发放的物价补贴，煤、燃气补贴，交通补贴，住房补贴，流动施工津贴等。

3）生产工人辅助工资：是指生产工人年有效施工天数以外非作业天数的工资，包括职工学习、培训期间的工资，调动工作、探亲、休假期间的工资，因气候影响的停工工资，女工哺乳期间的工资，病假在6个月以内的工资及产假、婚假、丧假期间的工资。

4）职工福利费：是指按规定标准计提的职工福利费。

5）生产工人劳动保护费：是指按规定标准发放的劳动保护用品的购置费及修理费，徒工服装补贴，防暑降温费，在有碍身体健康环境中施工的保健费用等。

（2）材料费：是指施工过程中耗费的构成工程实体的原材料、辅助材料、构配件、零件、半成品的费用，包括：

1）材料原价（或供应价格）。

2）材料运杂费：是指材料自来源地运至工地仓库或指定堆放地点所发生的全部费用。

3）运输损耗费：是指材料在运输装卸过程中不可避免的损耗。

4）采购及保管费：是指为组织采购、供应和保管材料过程中所需要的各项费用，主要包括采购费、仓储费、工地保管费和仓储损耗。

（3）施工机械使用费：是指施工机械作业所发生的机械使用费以及机械安拆费和场外运费。施工机械台班单价应由下列七项费用组成：

1）折旧费：指施工机械在规定的使用年限内，陆续收回其原值及购置资金的时间价值。

2）大修理费：指施工机械按规定的大修理间隔台班进行必要的大修理，以恢复其正常功能所需的费用。

3）经常修理费：指施工机械除大修理以外的各级保养和临时故障排除所需的费用。包括为保障机械正常运转所需替换设备与随机配备工具附具的摊销和维护费用、机械运转中日常保养所需润滑与擦拭的材料费用，以及机械停滞期间的维护和保养费用等。

4）安拆费及场外运费：安拆费指施工机械在现场进行安装与拆卸所需的人工、材料、机械和试运转费用，以及机械辅助设施的折旧、搭设、拆除等费用；场外运费指施工机械整体或分体自停放地点运至施工现场或由一施工地点运至另一施工地点的运输、装卸、辅助材料及架线等费用。

5）人工费：指机上司机和其他操作人员的工作日人工费及上述人员在施工机械规定的年工作台班以外的人工费。

6）燃料动力费：指施工机械在运转作业中所消耗的固体燃料（煤、木柴）、液体燃料（汽油、柴油）及水、电等的费用。

7）养路费及车船使用税：指施工机械按照国家规定和有关部门规定应缴纳的养路费、车船使用税、保险费及年检费等。

2. 措施费

措施费是指为完成工程项目施工，发生于该工程施工前和施工过程中非工程实体项目的费用，包括：

（1）环境保护费：是指施工现场为达到环保部门要求所需要的各项费用。

（2）文明施工费：是指施工现场文明施工所需要的各项费用。

（3）安全施工费：是指施工现场安全施工所需要的各项费用。

（4）临时设施费：是指施工企业为进行建筑工程施工所必须搭设的生活和生产用的临时建筑物、构筑物和其他临时设施的费用。临时设施包括临时宿舍、文化福利及公用事业房屋与构筑物、仓库、办公室、加工厂，以及规定范围内的道路、水、电、管线等临时设施和小型临时设施。临时设施费用包括临时设施的搭设、维修、拆除费或摊销费。

（5）夜间施工费：是指因夜间施工所发生的夜班补助、夜间施工降效、夜间施工照明设备摊销及照明用电等费用。

（6）二次搬运费：是指因施工场地狭小等特殊情况而发生的二次搬运的费用。

（7）大型机械设备进出场及安拆费：是指机械整体或分体自停放场地运至施工现场或由一个施工地点运至另一个施工地点，所发生的机械进出场运输和转移费用，以及机械在施工现场进行安装、拆卸所需的人工费、材料费、机械费、试运转费和安装所需的辅助设施的费用。

（8）混凝土、钢筋混凝土模板及支架费：是指混凝土施工过程中需要的各种钢模板、木模板、支架等的支、拆、运输费用及模板、支架的摊销（或租赁）费用。

（9）脚手架费：是指施工需要的各种脚手架搭、拆、运输费用及脚手架的摊销（或租赁）费用。

（10）已完工程及设备保护费：是指竣工验收前，对已完工程及设备进行保护所需费用。

（11）施工排水、降水费：是指为确保工程在正常条件下施工，采取各种排水、降水措施所发生的各种费用。

二、间接费

间接费由规费和企业管理费组成。

1. 规费

规费是指政府和有关权力部门规定必须缴纳的费用（简称规费），包括：

（1）工程排污费：是指施工现场按规定缴纳的工程排污费。

（2）工程定额测定费：是指按规定支付工程造价（定额）管理部门的定额测定费。

（3）社会保障费，包括：

1）养老保险费：是指企业按照国家规定为职工缴纳的基本养老保险费。

2）失业保险费：是指企业按照国家规定为职工缴纳的失业保险费。

3）医疗保险费：是指企业按照国家规定为职工缴纳的基本医疗保险费。

（4）住房公积金：是指企业按照国家规定为职工缴纳的住房公积金。

（5）危险作业意外伤害保险费：是指按照建筑法规定，企业为从事危险作业的建筑安装施工人员支付的意外伤害保险费。

2. 企业管理费

企业管理费是指建筑安装企业组织施工生产和经营管理所需费用，包括：

（1）管理人员工资：是指管理人员的基本工资、工资性补贴、职工福利费、劳动保护费等。

（2）办公费：是指企业管理办公用的文具、纸张、账表、印刷、邮电、书报、会议、水电、烧水和集体取暖（包括现场临时宿舍取暖）用煤等费用。

（3）差旅交通费：是指职工因公出差、调动工作的差旅费、住勤补助费，市内交通费和误餐补助费，职工探亲路费，劳动力招募费，职工离退休、退职一次性路费，工伤人员就医路费，工地转移费以及管理部门使用的交通工具的油料、燃料、养路费及牌照费。

（4）固定资产使用费：是指管理和试验部门及附属生产单位使用的属于固定资产的房屋、设备仪器等的折旧、大修、维修或租赁费。

（5）工具用具使用费：是指管理使用的不属于固定资产的生产工具、器具、家具、交通工具和检验、试验、测绘、消防用具等的购置、维修和摊销费。

（6）劳动保险费：是指由企业支付离退休职工的易地安家补助费、职工退职金、6个月以上的病假人员工资、职工死亡丧葬补助费、抚恤费、按规定支付给离休干部的各项经费。

（7）工会经费：是指企业按职工工资总额计提的工会经费。

（8）职工教育经费：是指企业为职工学习先进技术和提高文化水平，按职工工资总额计提的费用。

（9）财产保险费：是指施工管理用财产、车辆保险费。

（10）财务费：是指企业为筹集资金而发生的各种费用。

（11）税金：是指企业按规定缴纳的房产税、车船使用税、土地使用税、印花税等。

（12）其他：包括技术转让费、技术开发费、业务招待费、绿化费、广告费、公证费、法律顾问费、审计费、咨询费等。

三、利润

利润是指施工企业完成所承包工程获得的盈利。

四、税金

税金是指国家税法规定的应计入安装工程造价内的营业税、城市维护建设税及教育费附加等。

电梯安装工程的费用核算可以用安装工程取费表（表2－1）来进行核算。

表2－1　安装工程取费表

序号	序号	项目名称	计算公式	费率/%	金额/元
1	一	项目直接费	定额基价		
2	1	其中：1. 人工费	其中：1. 人工费		
3	2	2. 材料费	2. 材料费		
4	3	3. 机械费	3. 机械费		
5	二	主材费	主材费		
6	三	材料费增调	材料费×费率		
7	四	调整后安装费	一＋三		
8	4	其中：调整后材料费	2＋三		
9	五	主体结构费	定额人工费×费率		
10	六	高层建筑增加费	调整后人工费×费率		
11	5	其中：工资	高层建筑增加费×费率		
12	七	脚手架搭拆费	（调整后人工费＋主体结构费＋高层建筑增加费的工资）×费率		
13	6	其中：工资	脚手架搭拆费×费率		
14	八	系统调整费	（调整后人工费＋主体结构费＋高层建筑增加费的工资）×费率		
15	7	其中：工资	系统调整费×费率		
16	九	有害环境增加费	（调整后人工费＋主体结构费＋高层建筑增加费的工资）×费率		
17	十	施工、生产同时进行增加费	（调整后人工费＋主体结构费＋高层建筑增加费的工资）×费率		

续表 2－1

序号	序号	项目名称	计算公式	费率/%	金额/元
18	十一	直接费	二＋四＋五＋六＋七＋八＋九＋十		
19		其中：工资	五＋5＋6＋7＋九＋十		
20	十二	其他直接费	直接费（其中：工资）×费率		
21	十三	现场经费	直接费（其中：工资）×费率		
22	十四	直接工程费	十一＋十二＋十三		
23	十五	间接费	直接费（其中：工资）×费率		
24	十六	贷款利息	直接费（其中：工资）×费率		
25	十七	差别利润	直接费（其中：工资）×费率		
26	十八	不含税工程造价	十四＋十五＋十六＋十七		
27	十九	养老保险统筹费	不含税工程造价×费率	3.55	
28	二十	四项保险费	不含税工程造价×费率	0.8	
29	二十一	安全、文明施工定额补贴费	不含税工程造价×费率		
30	二十二	税金	（十八＋十九＋二十＋二十一）×费率		
31	二十三	含税工程造价	十八＋十九＋二十＋二十一＋二十二		

复习思考题

1. 电梯安装工程管理项目的内容主要有哪些？
2. 电梯井道和机房的检查内容和要求有哪些？
3. 电梯安装工程的关键技术要求是什么？
4. 为什么说电梯安装的安全管理是安装现场的安全管理？
5. 现场安全事故的分析及其处理程序是什么？
6. 对电梯安装工程施工人员及相关质量管理检验人员的质量管理要求有哪些？
7. 电梯安装工程的关键质量要求是什么？

第三章 电梯安装施工准备

第一节 人员的准备及制定安装计划

电梯是一种复杂的机电综合设备。电梯安装是一种专业技术要求高、工艺复杂且危险性较高的工作。电梯的组装和调试工作质量的高低，直接关系到电梯的性能水平和使用安全。安装水平高，可以提高电梯使用寿命和降低故障率。

电梯产品具有零碎分散、与安装电梯的建筑物紧密相关等特点。电梯的安装工作实质上是电梯的总装配，而且这种装配工作往往在远离制造厂的使用现场进行，在多达几十项工序的安装过程中，任何一个项目的失误都可能造成电梯整机运行性能的下降，甚至造成人身伤亡事故。因此，电梯安装工作比一般机电设备的安装工作更加复杂、重要。

电梯安装应由持有有关部门核发的安装许可证的单位承担和组织，安装人员须经有关部门培训、考核，持证上岗，杜绝无证操作。在电梯安装完毕后，需经当地市场监督管理局认定的电梯检验机构验收合格，颁发检验合格标志，并经注册登记后方可正式投入使用。电梯安装工程一般以现场施工组织为单位进行，根据不同用途电梯的技术要求、规格参数、层站数、自动化程度等因素来确定所需劳动力以及技术工人等级。

电梯的安装和调试是决定电梯投用后能否正常运行的重要环节。从事电梯安装的主要人员不但应有比较丰富的理论知识和实践经验，还应具有为用户负责的精神。根据所安装电梯的状况确定安装人员的数量、技术力量的配置。安装队一般由 4～6 人组成，其中包括熟练的钳工和电工各 1 名，每队必须由 1 名有经验的安装工任队长。根据安装进度，需要临时配备一定人数的木工、瓦工、焊工、起重工、脚手架工等，以保证安装顺利进行。机械与电气部分的安装可采用平行作业，由安装队长制定作业计划，明确要求，统一安排。人员组织好后编制施工进度表，施工进度的安排通常是将机械和电气两部分内容按同时进行的原则来安排。表 3－1 为一般的电梯安装施工进度表。

在开始进行电梯安装之前，必须认真了解施工现场的情况，把准备工作做扎实。现代电梯是典型的机电一体化产品，对施工人员的要求也趋向于一专多能。对参加安装的人员需要进行必要的培训，内容包括安全规范要求、所装电梯安装工艺要求、国标要求、施工注意事项等。安装负责人还要向安装人员进行有关电梯井道、机房、仓库、材料、货场、电话、电源、灭火器、火警报警处、医疗站等事项的介绍。

表3－1　电梯安装施工进度表

序号	工　序	有效工作日																						
		2	4	6	8	10	12	14	16	18	20	22	24	26	28	30	32	34	36	38	40	42	44	46
1	安装前的准备工作																							
2	电梯导轨的安装																							
3	轿厢																							
4	对重与缓冲器																							
5	曳引机与导向轮																							
6	曳引钢丝绳																							
7	层门与门滑轮																							
8	安全钳与限速器																							
9	自动门机																							
10	电气部分安装																							
11	调试																							
	1. 表中工作日按五站五门计算。 2. 工序安排可根据实际情况调整或平行作业。																							

电梯安装人员应熟知电梯安装、验收的国家标准、地方法规、企业产品标准，同时学习电梯制造厂商提供的各种资料，包括电梯安装使用维护说明书、部件组装图、电气控制原理图、电气接线图、电梯的调试大纲及电梯土建资料等。安装人员通过学习，应详细了解电梯的类型、结构、控制方式和安装技术要求。电梯开工前，对现场道路、井道内壁障碍物等不安全因素应加以清除，对孔洞加盖或设置栏杆。从电梯机房到井道、底坑的尺寸都是测量的重点，它们必须满足电梯生产厂家对井道的设计要求。否则，可能会因为井道尺寸偏差太大而造成电梯安装工作无法进行。

另外，主电源箱应设在从机房门容易接近的地方。要求对电梯单独供电。接地端要预留到位，还要求井道顶板（机房对井道的地板）暂不封闭，给吊运预留通道。机房承重吊钩位置要合理，承载能力应足够。电梯安装基本程序如图3－1所示。

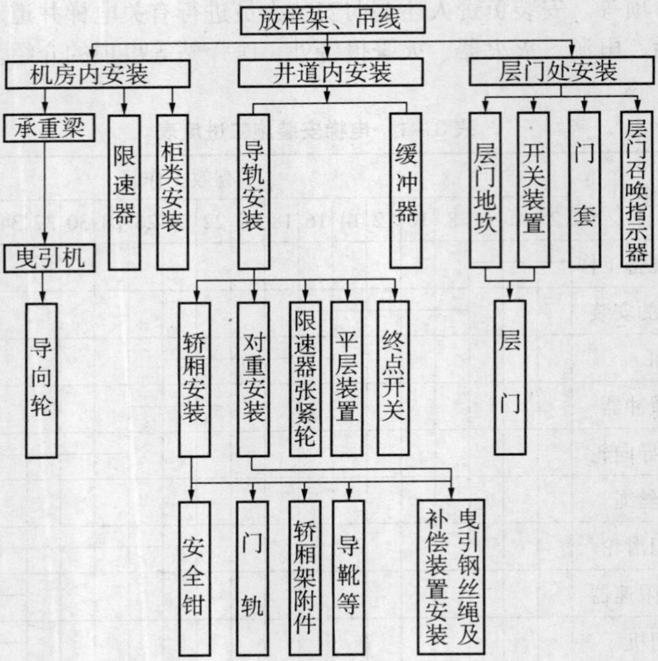

图3－1　电梯安装基本程序

在每个电梯层门口应张贴“电梯井道施工，严禁乱抛杂物，注意安全，请勿靠近”的安全告示牌。

第二节　验收资料、工具防护用品准备及机房井道勘查

一、电梯设备的开箱验收及资料收集工作

电梯的机械设备和电气装置一般在出厂时已包装成箱。但是，在安装工地开箱前，为了分清生产厂家、供货商、购货方及安装公司的管理责任，有必要进行由电梯业主主持，供货商、电梯安装队参加的开箱检查程序。三方代表共同在场，业主负责召集、主持、组织开箱验收，查看验收产品装箱单、出厂合格证，装箱产品有无缺漏、损坏，以及下列随机技术资料是否齐全：①产品合格证、装箱单；②安装平面布置图；③使用维护说明书；④电气原理说明书、电气原理图及符号说明；⑤电气安装接线图；⑥安装说

明书、部件安装图；⑦电梯润滑汇总图表和电梯功能表等。

电梯安装人员应熟读上述技术资料和图纸，详细了解电梯的类型、结构、控制方式和安装技术要求，进行充分的准备，以保质保量完成任务。

根据装箱单开箱清点、核对电梯的零部件和安装材料。清点机件规格、型号、数量，如有随机工器具，也应同时检查有无缺少，并认真做好记录，发现不符的应及时提出，以便尽早处理。设备进场开箱检查清点记录应由制造单位、安装单位、用户单位三方确认，并填写好设备进场验收记录表（表3－2）。

表3－2　设备进场验收记录表

工程名称			
安装地点			
产品合同号/安装合同号		梯号	
电梯供应商		代表	
安装单位		项目负责人	
监理（建设）单位		监理工程师/项目负责人	
执行标准名称及编号			
检验项目		检验结果	
		合格	不合格
主控项目	土建布置图		
	产品出厂合格证		
	门锁装置型式试验证书复印件		
	限速器型式试验证书复印件		
	安全钳型式试验证书复印件		
	缓冲器型式试验证书复印件		
一般项目	装箱单		
	安装、使用维护说明书		
	动力电路和安全电路的电气原理图		
	设备零部件应与装箱单内容相符		
	设备外观不应存在明显的损坏		

续表 3－2

验收结论			
	电梯供应商	安装单位	监理（建设）单位
参加验收单位	代表： 年　月　日	项目负责人： 年　月　日	监理工程师： （项目负责人） 年　月　日

清点核对过的零部件要合理放置和保管，避免压坏或使楼板的局部承受过大载荷。可以根据部件的安装位置和安装作业的要求就近堆放，避免部件的重复搬运。例如，可将导轨、对重铁块及对重架堆放在一层楼的电梯厅门附近；轿厢架、轿底、轿顶、轿壁等堆放在上端站的厅门附近；曳引机、控制柜、限速器等搬运到机房；各层站的厅门、门框、踏板堆放在各层站的厅门附近；各种安装材料搬进安装工作间妥善保管，以防止损坏和丢失。

二、对机房与井道土建状况的勘查

电梯安装前，安装负责人应组织有经验的安装人员按照 GB 7025—2008《电梯主参数及轿厢、井道、机房的型式与尺寸》和设计单位所提供的电梯井道、机房土建图进行查验，并作详细记录备案，填写好土建交接检验记录表（表 3－3）。

表 3－3　土建交接检验记录表

工程名称			
安装地点			
产品合同号/安装合同号		梯号	
施工单位		项目负责人	
安装单位		项目负责人	
监理（建设）单位		监理工程师/项目负责人	
执行标准名称及编号			
检验项目		检验结果	
		合格	不合格

续表3－3

主控项目	机房（如果有）内部、井道土建（钢架）结构及布置必须符合电梯土建布置图的要求		
	主电源开关应能够切断电梯正常使用情况下最大电流		
	对有机房电梯，该开关应能从机房入口处方便地接近		
	对无机房电梯，该开关应设置在井道外工作人员方便接近的地方，且应具有必要的安全防护		
	当底坑底面下有人员能到达的空间存在，且对重（或平衡重）上未设有安全钳装置时，对重（或平衡重）缓冲器必须能安装在一直延伸到坚固地面上的实心桩墩上		
	电梯安装之前，所有层门预留孔必须设有高度不小于1.2 m的安全保护围封，并应保证有足够的强度		
	当相邻两层门地坎间的距离大于11 m时，其间必须设置井道安全门，井道安全门严禁向井道内开启，且必须装有安全门处于关闭时电梯才能运行的电气安全装置。当相邻轿厢间有相互救援用轿厢安全门时，可不执行本款		
一般项目	机房内应设有固定的电气照明，地板表面上的照度不应小于200 lx。机房内应设置一个或多个电源插座。在机房内靠近入口的适当高度处应设有一个开关或类似装置控制机房照明电源		
	机房内应通风，从建筑物其他部分抽出的陈腐空气，不得排入机房内		
	应根据产品供应商的要求，提供设备进场所需要的通道和搬运空间		
	电梯工作人员应能方便地进入机房或滑轮间，而不需要临时借助于其他辅助设施		
	机房应采用经久耐用且不易产生灰尘的材料建造，机房内的地板应采用防滑材料		

续表3－3

	在一个机房内，当有两个以上不同平面的工作平台，且相邻平台高度差大于0.5 m时，应设置楼梯或台阶，并应设置高度不小于0.9 m的安全防护栏杆。当机房地面有深度大于0.5 m的凹坑或槽坑时，均应盖住。供人员活动的空间和工作台面以上的净高度不应小于1.8 m		
	供人员进出的检修活板门应有不小于0.8 m×0.8 m的净通道，开门到位后应能自行保持在开启位置。检修活板门关闭后应能支撑两个人的重量（每个人按在门的任意0.2 m×0.2 m面积上作用1000 N的力计算），不得有永久性变形		
	门或检修活板门应装有带钥匙的锁，它应从机房内不用钥匙打开。只供运送器材的活板门，可只在机房内部锁住		
	电源零线和接地线应分开。机房内接地装置的接地电阻值不应大于4 Ω		
	机房应有良好的防渗、防漏水保护		
一般项目	井道尺寸是指垂直于电梯设计运行方向的井道截面沿电梯设计运行方向投影所测定的井道最小净空尺寸，该尺寸应和土建布置图所要求的一致，允许偏差应符合下列规定： 1）当电梯行程高度小于等于30 m时为0～+25 mm； 2）当电梯行程高度大于30 m且小于等于60 m时为0～+35 mm； 3）当电梯行程高度大于60 m且小于等于90 m时为0～+50 mm； 4）当电梯行程高度大于90 m时，允许偏差应符合土建布置图要求		
	全封闭或部分封闭的井道，井道的隔离保护、井道壁、底坑底面和顶板应具有安装电梯部件所需要的足够强度，应采用非燃烧材料建造，且应不易产生灰尘		
	当底坑深度大于2.5 m且建筑物布置允许时，应设置一个符合安全门要求的底坑进口；当没有进入底坑的其他通道时，应设置一个从层门进入底坑的永久性装置，且此装置不得凸入电梯运行空间		

续表 3-3

一般项目	井道应为电梯专用，井道内不得装设与电梯无关的设备、电缆等。井道可装设采暖设备，但不得采用蒸汽和水作为热源，且采暖设备的控制与调节装置应装在井道外面		
	井道内应设置永久性电气照明，井道内照度应不得小于 50 lx，井道最高点和最低点 0.5 m 以内应各装一盏灯，再设中间灯，并分别在机房和底坑设置一控制开关		
	装有多台电梯的井道内各电梯的底坑之间应设置最低点离底坑地面不大于 0.3 m，且至少延伸到最低层站楼面以上 2.5 m 高度的隔障，在隔障宽度方向上隔障与井道壁之间的间隙不应大于 150 mm。 当轿顶边缘和相邻电梯运动部件（轿厢、对重或平衡重）之间的水平距离小于 0.5 m 时，隔障应延长至贯穿整个井道的高度。隔障的宽度不得小于被保护的运动部件（或其部分）的宽度每边再各加 0.1 m		
	底坑内应有良好的防渗、防漏水保护，底坑内不得有积水		
	每层楼面应有水平面基准标识		
验收结论			
参加验收单位	施工单位	安装单位	监理（建设）单位
	项目负责人： 年 月 日	项目负责人： 年 月 日	监理工程师： （项目负责人） 年 月 日

对机房与井道土建状况的勘查包括：

（1）检查机房的外观、门窗、楼板地面强度、电源箱、所用电源、接地（零）保护等，并核对机房位置尺寸和楼板预留孔。

（2）外呼和层站显示器的开孔深度和高度是否合适，门框的开孔位置、尺寸是否合适。

（3）核对井道横截面的内径尺寸，核对井道纵剖面图中的顶层净高、底坑深度、导轨架预留孔位置尺寸和各层层门框位置等。

（4）检查井道的垂直度是否超出井道土建图的偏差要求。核对牛腿间的垂直偏差不超过 2~3 mm。

（5）井道墙壁、底坑应有足够的强度，底坑应无漏水。对因基建需要，在底坑下方有人可能通过的地方设置的防护措施进行检查。向土建单位了解地坑地面的实际承载能力是否满足至少为5 kPa的均衡布荷。应将对重缓冲器安装在一直延伸到坚固地面上的实心墩上，或在对重上装设安全钳装置。

三、工具和人员防护用品要求

电梯安装应选择合理的工具，包括手工工具、便携电气工具和各种专用工具。所配备的工具在每次开工前应作一次全面严格的检查，将已经损坏的工具贴上专用标签后剔除，换上合格的工具，以免在施工中因工具损坏而发生事故。所有工具均应妥善保管，收工时清点，以免丢失。一般安装电梯需要配备的工具如表3-4所示。

表3-4 安装电梯需要配备的工具

序号	名称	规格	备注
1	钢丝钳	150 mm、200 mm	
2	斜口钳	160 mm	
3	尖嘴钳	160 mm	
4	剥线钳		
5	压线钳		
6	活扳手	100 mm、150 mm、200 mm、300 mm	
7	梅花扳子	套	
8	套筒扳子	套	
9	开口扳手		
10	电工刀		
11	一字螺钉旋具（螺丝刀）	50～300 mm	
12	十字螺钉旋具（十字头螺丝刀）	75 mm、100 mm、150 mm、200 mm	
13	台虎钳	2号	
14	挡圈钳	轴、孔用全套	
15	锉刀	扁、圆、半圆、方、三角	粗、中、细
16	整形锉		
17	铁皮剪		

续表 3－4

序号	名称	规格	备注
18	钢锯架、锯条	300 mm	调节式
19	钳工锤	0. 5 kg、0. 75 kg、1 kg、1. 7 kg	
20	铜锤		
21	橡胶锤		
22	钻子		
23	中心冲		
24	划线规	150 mm、250 mm	
25	丝锥	M3 ~ M16	
26	丝锥扳手	180 mm、230 mm、280 mm、380 mm	
27	圆扳牙	M4 ~ M12	
28	圆扳牙扳手	200 mm、250 mm、300 mm、380 mm	
29	冲击钻	Φ6 ~ Φ38 mm	
30	手电钻	Φ6 ~ Φ13 mm	
31	台钻	钻孔直径 12 mm	
32	开孔刀		电线槽（自制）
33	射钉枪		
34	三爪卡盘	300 mm	
35	导轨调整弯曲工具		自制
36	钢直尺	150 mm、300 mm、1000 mm	
37	钢卷尺	2 m、30 m	
38	游标卡尺	300 mm	
39	卷尺		
40	弯尺	200 ~500 mm	
41	直尺水平仪		
42	粗校卡板		检查导轨用
43	精校卡尺		（自制）
44	厚度规		
45	弹簧秤	0 ~1 kg、0 ~20 kg	
46	秒表		

续表 3－4

序号	名称	规格	备注
47	转速表		
48	万用表		
49	兆欧表		
50	直流中心电流表		
51	钳形电流表		
52	同步示波器	SBT－5 型	用于交流、直流电梯
53	超低频示波器	SBD－1～6 型	
54	蜂鸣器		
55	对讲机		
56	钻头	Φ2～Φ13 mm	
57	平形砂轮	125 mm×20 mm	
58	手摇砂轮机	2 号	
59	索具套环、索具卸扣		
60	钢丝绳扎头	Y4－12、Y5－15	
61	C 字夹头	50 mm、75 mm、100 mm	
62	环链手动葫芦	1 t、3 t、5 t	
63	双轮吊环型滑车	0.5 t	
64	油压千斤顶	5 t	
65	木工锤	0.5 kg、0.75 kg	
66	手扳锯	600 mm	
67	钻子		凿墙洞用
68	抹子		抹泥沙浆
69	吊线锤	0.5 kg、10 kg、15 kg、20 kg	
70	铅丝	0.71 mm	
71	棉纱		
72	皮风箱	手拿式	
73	手电筒		
74	手灯	36 V	带护罩
75	电烙铁	20～25 W、100 W	

续表 3-4

序号	名称	规格	备注
76	熔缸		熔巴氏合金
77	喷灯	2.1 kg	
78	油枪	200 mm^3	
79	油壶		
80	铜丝刷		
81	手剪		
82	电源变压器	用于 36 V 电灯照明	
83	电源三眼插座拖板		
84	电焊工具		
85	小型电焊机		
86	气焊工具		

施工操作时，每个电梯安装施工人员都必须正确地使用个人的劳动防护用品。集体用的防护用品应由专人保管，定期检查，使之保持完好状态。安装人员要了解并严格遵守操作规程，注意做到以下几点：

（1）准备并检查工具，如吊索、滑轮、脚手架等应无损坏。

（2）配电板、各种电动工具等应无漏电、破损，完全符合安全要求。

（3）各种测量工具符合标准，测量和指示准确无误。

（4）用手搬运材料或干粗活时，必须戴手套。在转动的机械附近工作，或在受载荷的滚筒转轴下工作时切勿戴手套。

（5）严禁穿汗衫、短裤或宽大笨重的衣服和软底鞋进行操作，进入井道施工时必须戴安全帽，登高作业时（超过 1.3 m 以上）应系好安全带。

（6）安装时，施工人员必须严格遵守《安全操作规程》和有关的规章制度，如电气焊、起重、喷灯、带电作业规程等。当钻、凿、磨、切削、浇注巴氏合金、焊接、用化学品或溶剂，以及在空气中含有尘屑较多的地方工作时，必须戴上规定的护目眼镜和口罩。

（7）井道内不得使用汽油或其他易燃溶剂清洗机件，在井道外现场清洗机具、机件时应防止电气火花。剩油、废油、油棉纱等应及时处理，不得留在现场。

（8）在安装过程中，因层门尚未装上，这时层门口就是一个危险地带，为防止发生人员踏空坠井事故，应在各层门口和其他能进入井道的路口处设置安全栅栏，并挂上“严禁入内，谨防坠落”的醒目标志，在未设置栅栏之前，必须有专人看管，不许有人靠近。层门口栅栏架设方法如图3－2所示。

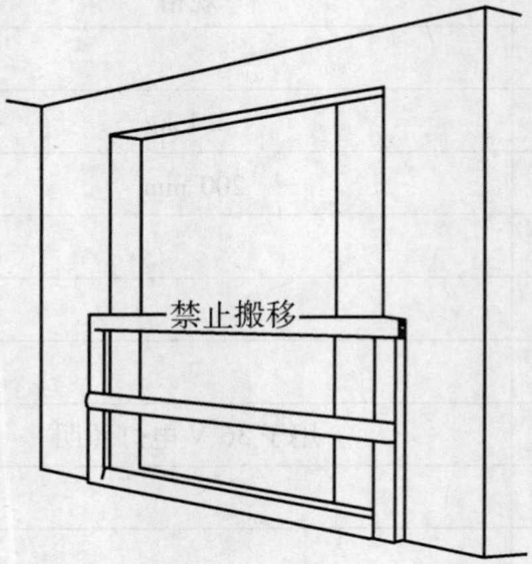

图3－2　层门口安全栅栏

（9）施工人员应懂得一般救护方法和消防常识，会合理、熟练地使用灭火器材。

电梯安装施工现场必须保持清洁和通畅。电梯安装用的材料与机件应尽可能放置在安装部位附近，并且堆放整齐，以保证安全。具体要求如下：

（1）导轨、立柱、门框、门扇和各种型钢等细长的构件和材料，不允许直立放置，以免发生倾倒伤人事故。应采用卧式放置的办法，而且应垫平垫稳，既要保证不会倾倒，又能防止发生较大的弯曲变形。

（2）重型设备及部件堆放时应垫好脚手板或垫木，分散堆放在安装部位的附近，这样载荷均布在楼板或大楼梁上。不要集中堆放在楼板或屋顶上面，避免建筑物局部承载过大。

（3）电子器件、测量仪表等贵重器材以及一些外形尺寸较小、容易散失的专用零件，应用专用的木箱上锁保存，并用记事本记清存入或发出的各零件清单，以备查验。

第三节　架设脚手架及装设井道照明

一、架设脚手架

安装电梯是一种高空作业，为了便于安装人员在井道内进行施工作业，一般需要在井道内搭设脚手架。对于层站多、提升高度大的电梯，在安装时也可用卷扬机作动力，驱动轿厢架和轿厢底盘上下缓慢运行，进行施工作业。也可以把曳引机先安装好，由曳引机驱动轿厢架和轿厢底盘来进行施工作业。这种平台作业，作业人员一定要系带有安全锁的防止坠落的安全绳。

搭脚手架之前必须先清理井道，特别是底坑内的杂物一般比较多，必须清理干净。脚手架可用竹杆、木杆、钢管搭建。脚手架由立杆、横杆、支撑杆、攀登杆、隔离层组成（图3－3）。

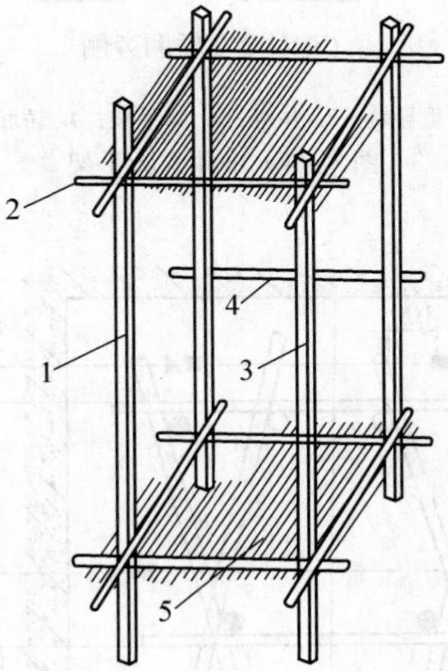

1. 立杆；2. 横杆；3. 支撑杆；4. 攀登杆；5. 隔离层

图3－3 脚手架的结构

在制定井道内脚手架的搭设方案时，应结合井道内电梯各个部件如对重、对重导轨、轿厢、轿厢导轨之间的相对位置，以及层门、电线管槽、接线盒等位置，留出适当的空隙，并注意影响吊挂铅垂线的通路。

脚手架的形式与轿厢和对重装置在井道内的相对位置有关。对重装置在轿厢后面的脚手架一般可搭成如图3－4（a）所示的形式，对重装置在轿厢侧面的脚手架一般可搭成如图3－4（b）所示的形式。脚手架横架高度要求如图3－4（c）所示。

如果电梯的井道截面尺寸或电梯的额定载重量较大，采用单井式脚手架不够牢固时，可增加图3－5中所示的虚线部分，成为双井式脚手架。

搭脚手架时必须注意：

（1）铁丝捆绑要牢固，便于安装人员上下攀登。其承载能力必须在2.45 kPa以上。

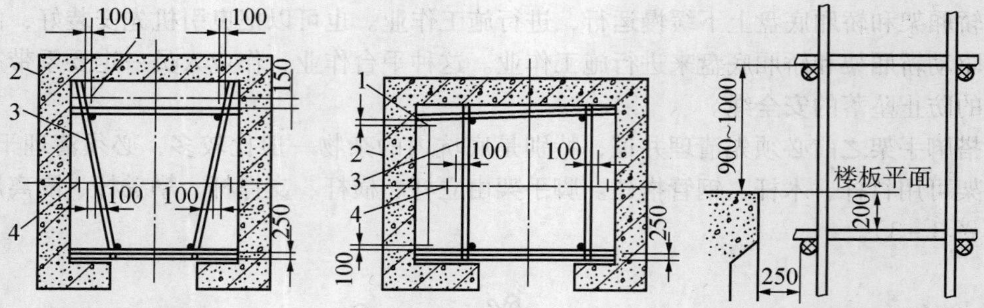

(a) 对重在轿厢后面　　(b) 对重在轿厢旁侧　　(c) 脚手架横架高度要求

1. 对重导轨；2. 井道；3. 脚手架；4. 轿厢导轨

图 3－4　单井式脚手架

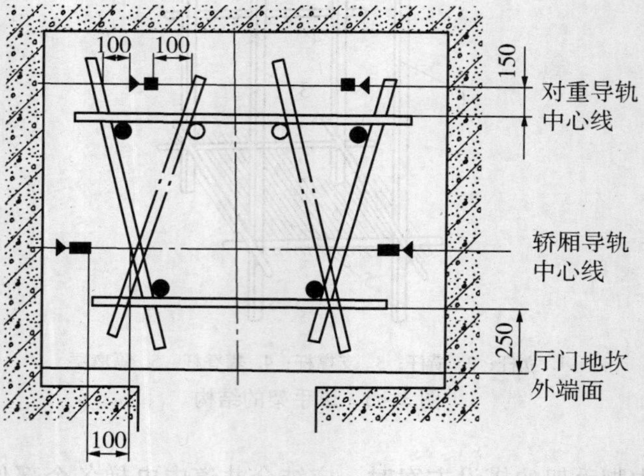

图 3－5　双井式脚手架

横梁的间隔应适中，一般为 1. 3 m 左右。每层横梁应铺放两块以上脚手板，各层间的脚手板应交错排列，脚手板两端应伸出横梁 150 ~ 200 mm，并与横梁捆扎牢固。

（2）脚手架在层门口处应符合图 3－4（c）的要求。

（3）采用竹杆和木杆搭成的手脚架，应有防火措施。

（4）不要影响导轨、导轨架及其他部件的安装，防止堵塞或影响吊装导轨和放置铅垂。

（5）脚手架搭到上端站时，立杆应尽量选用短材料，以便组装轿厢时先拆除。

脚手架使用完后，拆除脚手架时应本着先绑的后拆、后绑的先拆的原则，按层次由上向下拆。应先拆最上一层的隔离层，然后依次拆除横杆、攀登杆、支撑杆和立杆。操作时思想要集中，拆下杆件应逐根传递下去。堆放在地面层适当的位置；不要随意扔下去，以免伤人或损坏材料。在拆除过程中，最好中途不要换人，如必须换人，应将情况交接清楚才可换人。拆下的材料和机件应分类堆放整齐，并注意留出通道、通风和排水。

二、设置安装井道照明

在井道内应设置带有防护罩的工作电压不高于 36 V 的低压照明灯，每台电梯应单独供电，并在井道入口处设电源开关。井道照明灯应每隔 3 ~ 7 m 设一盏，顶层和底坑应有两盏或两盏以上的照明灯，机房照明灯数量应不小于两倍电梯台数。

三、脚手架的安全使用注意事项

使用脚手架时要注意以下安全事项：

（1）脚手架所用材质是否符合要求。

（2）脚手架的结构形式、平面布置和垂直布置、各支撑杆是否齐全并符合要求。

（3）脚手架有关尺寸、四周间隙、横杆间距等应符合工作要求。

（4）各部分立杆与横杆绑扎是否牢固，绑扎绳是否符合要求。

（5）脚手架的承载能力应大于 2500 Pa。

（6）脚手架拆除的安全要求：

先绑后拆，后绑先拆。
由上向下，逐根传递。
整齐堆放，通道畅通。
预防为主，安全第一。

第四节 样板架制作安装与放线

样板架是根据电梯轿厢、对重、导轨等部件的实际相关尺寸所制作的足尺放样样板，是由上向下悬挂各条电梯安装铅垂线的依据和出发点。电梯固定部件在建筑物中的位置以及运动件的运动空间是根据电梯安装时的样板架确定的，制作样板架及放样板线就是给电梯在建筑物中定位，以保证安装过程中各主要部件定位的准确性。

样板架制作是电梯安装的一个重要环节，它直接影响电梯安装质量，制作的样板架必须结构牢固、尺寸准确。安装施工的全过程必须严格按照样板线进行。

一、样板架制作

样板架可选用不易变形并经烘干处理的木料制成，另外也可用经过校直的4号角钢制作。

根据电梯轿厢、对重在井道内相应位置的不同，样板架分为对甩式电梯样板架（对重位于轿厢后）和旁置式电梯样板架（对重位于轿厢门侧面）两种，图3－6所示是这两种样板架的平面示意图。样板架图样一般由熟练的电梯安装人员根据电梯的安装布置图画出。

用木材制作样板架时，其横截面尺寸见表3－5。样板架的尺寸应根据电梯井道平面布置图给定的尺寸参数，结合安装规范中的一些安全距离尺寸要求，推算出图3－6中各种尺寸的数值。

表3－5　样板架方木料尺寸

提升高度/m	宽度/ mm	厚度/ mm
≤20	80	40
>20	100	50

样板架图样及尺寸确定后，结合电梯有关部件的实际尺寸，进行一次实际校核。应确保图样尺寸与实际部件协调一致，做到准确无误。

把干燥、不变形的木料四面刨平、互成直角，制成方木，将所有提供做样板的木料分成相等的两个组，对每组中长、短块编上同样的号码，检查每块木材的牢固程度和直度。

样板及制作尺寸应准确，位置尺寸允许误差 ±0.5 mm。在样板架上应标明轿厢中心线、对重中心线、层门中心线、轿门中心线、层门净宽等。

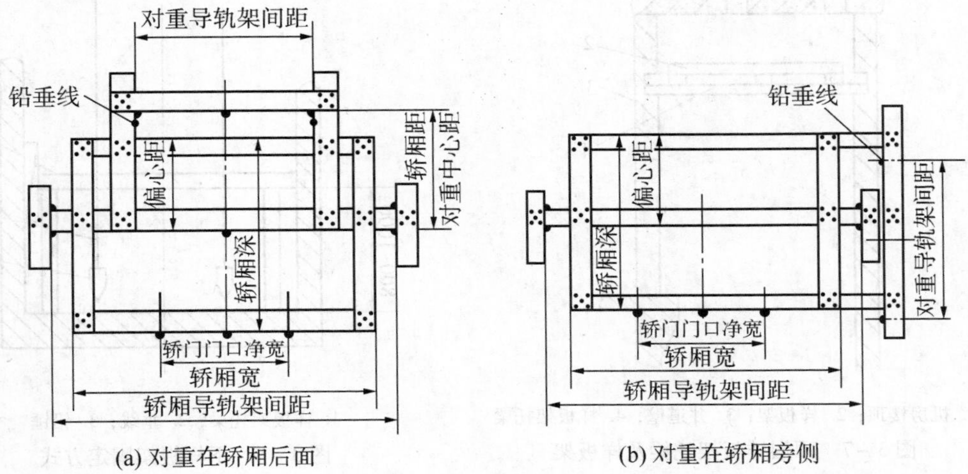

图 3-6　样板架平面

二、安装样板架

样板架安装有墙孔固定木梁和角钢固定木梁两种形式。

1. 墙孔固定木梁

在井道顶距机房楼板下面 100 ~ 800 mm 处的井道墙上，在同一标高处凿出 4 个尺寸为 150 mm × 150 mm、深 200 mm 的方孔，然后选择两根截面大于 100 mm × 100 mm 的方木条作为样板架托梁。将托梁装入已凿好的井道墙的孔中，两根木梁应水平并平行，用水平仪校正后固定好。此托梁（见图 3-7 部件 4）水平度应不超过 5 mm。然后，将样板架放置于托梁上，这时再校正一次样板架的水平度是否在 5 mm 范围以内。经校正后，按照井道内实际尺寸及机房预留孔位置来确定样板架水平放置的位置。

一般电梯安装时，只要顶部一个样板架（上样板架）挂线即可符合要求。但当电梯井道存在倾斜情况时，只用一个样板架无法正确挂线，还需配做一个底部样板架。这样在底坑距离地面 0.8 ~ 1.0 m 高度处，放置一个与上样板架一样的下样板架，用于稳定铅垂线，防止其晃动，如图 3-8 所示。上、下样板架的水平位移不应超过 1 mm。下样板架木梁一端顶在墙体上，另一端用木楔固定，下端用立木支撑住。

2. 角钢固定木梁

将样板架木梁一端顶在墙体上，另一端用木楔固定，木梁下端用 50 mm × 50 mm × 5 mm 角钢托起。

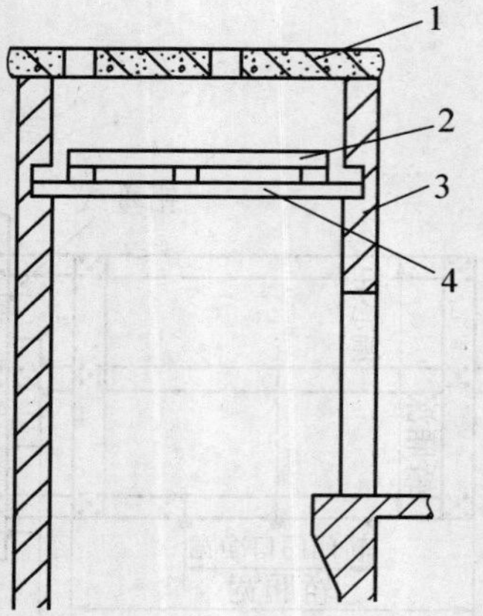

1. 机房楼顶；2. 样板架；3. 井道壁；4. 样板架托梁

图 3－7　顶层样板架托梁及样板架

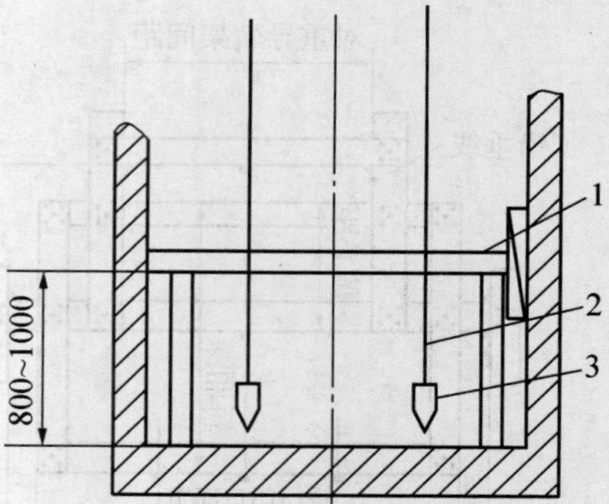

1. 样板架托梁；2. 垂线；3. 铅锤

图 3－8　下样板架固定方式

三、悬挂铅垂线（放线）

（1）在样板架上悬挂铅垂线的标记位置上，用锯锯一斜口，其旁钉一铁钉，用于固定悬挂的铅垂线。

（2）在样板架上需放置铅垂线的地方，用直径为 0.70～0.91 mm 的钢丝（非高层可以使用相同直径的镀锌铁丝）放垂线到底坑。

（3）垂线端部悬挂重为 10 kg 的线坠，为防止铅垂线晃动，可将线坠放入装有水的水桶中，如图 3－9 所示。

四、稳固铅垂线

铅垂线稳定后，确定好位置，用 U 形钉将铅垂线固定在下样板架木梁上。

在电梯安装中，如果采用激光技术测距定位，则在提高工程质量、加快施工进度方面会起到更好的效果。

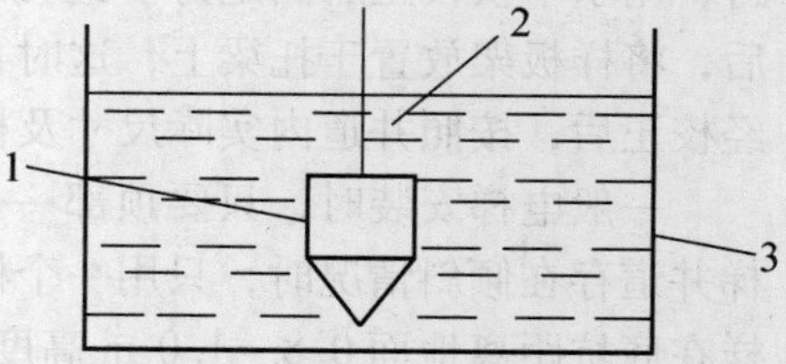

1. 线坠；2. 水；3. 水桶

图 3－9　铅垂线入水防晃动

五、样板架的稳装和铅垂线挂放安全技术

（1）样板架托梁应采用截面尺寸大于100 mm×100 mm的矩形木材制作，四面刨成直角，材质疏松、断口、扭曲的材料应剔除。

（2）样板架托梁与井道墙必须牢固定位，保证人上去调整位置或进行样板架挂线时不会发生变形或塌落事故。

（3）样板架使用的材料应符合样板架材质要求，以保证不会发生弯曲或折断。

（4）当电梯提升高度大于40 m时，样板架托梁应采用相应强度的型钢制作，以满足铅垂加重承载的要求。

复习思考题

1. 开箱验收要收集哪些资料？开箱时要注意什么事项？
2. 对机房与井道土建状况的勘查要注意哪些问题？
3. 搭脚手架时有哪些注意事项？
4. 电梯安装为什么要做样板架及放样？样板架安装时有哪些安全技术？

第四章　电梯机械部分的安装

第一节　机房设备安装及其安全技术

一、承重梁的安装

承重梁是承载曳引机、轿厢和额定载荷、对重装置等总重量的机件，承重梁由大规格的工字钢或槽钢构成。安装曳引机的承重结构主要是承重梁，承重梁的两端必须牢固地埋入墙内或稳固在对应井道墙壁的机房地板上，如图 4－1 所示。承重梁一头安设在由井道壁延伸上来的承重墙内，要求在墙内的支撑长度要超过墙中心 20 mm 以上，并大于 75 mm。另一头安设在井道壁或建筑承重梁上方的墩子上。承重梁安装时，两端要垫钢板，以分散对墙体的压力，防止接触处局部压溃。在位置和水平度调整好后用钢板焊接固定，并用水泥浇灌牢固。承重梁的纵向水平误差应小于 0.05%，相邻两梁的相对水平误差应小于 0.5 mm，两根承重梁的平行度允差在 6 mm 以内。

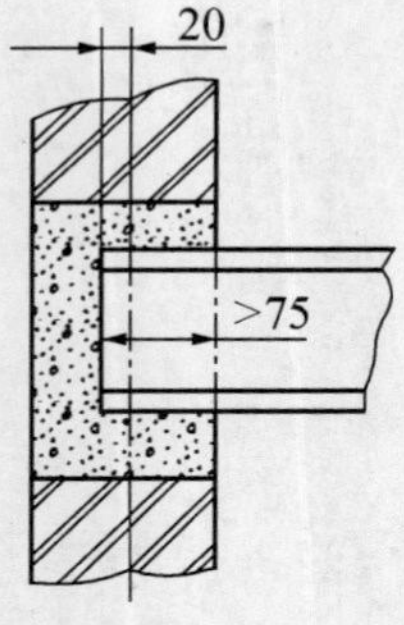

(a) 承重梁埋设

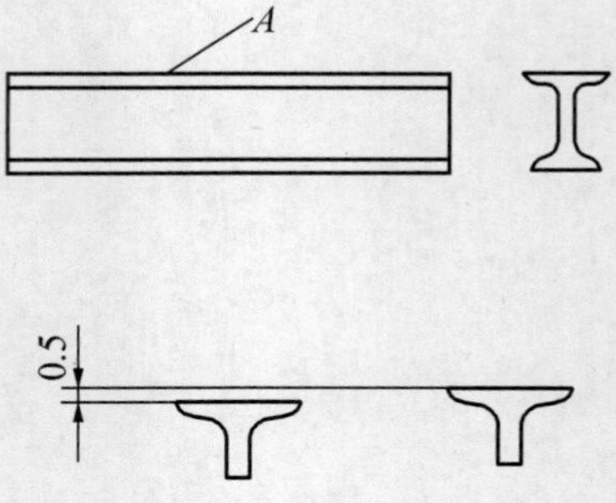

A. 承重梁上表面

(b) 承重梁的水平度

图 4－1　承重梁的埋入和水平度

对于有减速器的曳引机，其承重梁的安装方式如下：

（1）当建筑物顶层有足够的高度时，可根据电梯安装平面图将承重梁置于楼板下面，并与楼板连为一体，如图4－2（a）所示。采用这种安装方式时，机房比较整齐，但导向轮的安装及维护保养较为不便。

（2）当建筑物顶层不太高时，可将承重梁置于电梯机房楼板上面，并在安装导向轮的地方留出十字形安装预留孔，如图4－2（b）所示。这种安装方式会使机房不太整齐，但承重梁的安装比较方便。

（3）当顶层高度由于建筑结构的影响不宜太高，而且机房内出现机件的位置与承重梁发生冲突，机房高度又足够高时，可用两个高出机房楼面600 mm的混凝土台，把承重梁架起来，如图4－2（c）所示。用这种方式安装承重梁时，常在承重梁两端上下各焊两块12 mm厚的钢板，在梁上钻出安装导向轮的螺栓固定孔，在混凝土台与承重梁钢板接触处垫放25 mm厚的防振橡胶垫，通过地脚螺栓把承重梁紧固在混凝土台上。

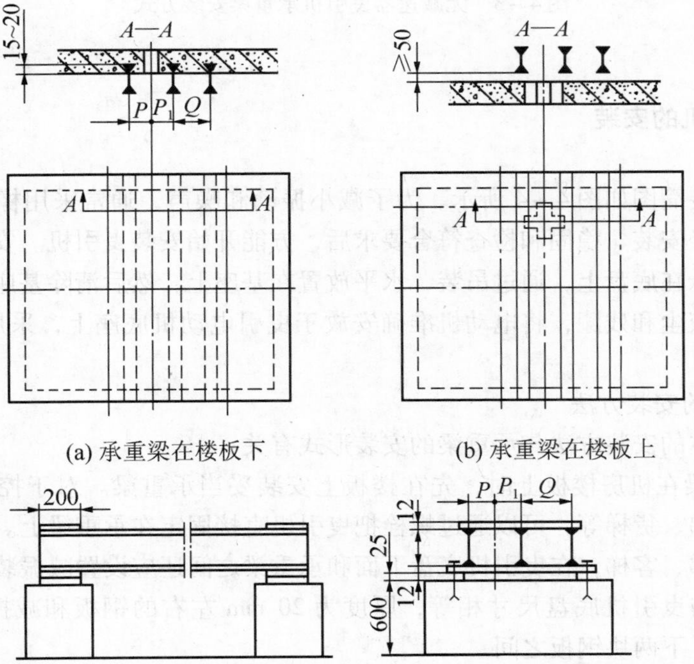

(a) 承重梁在楼板下

(b) 承重梁在楼板上

(c) 承重梁在楼板上的混凝土台上

P. 轴承座中心到曳引绳孔的距离；P_1. 曳引机底座左安装孔到曳引绳孔的距离；*Q*. 曳引机底座孔距

图4－2 有减速器曳引机承重梁安装方式

对于无减速器的曳引机，其承重梁常用六根槽钢分成三组，以面对面的形式，用类似有减速器曳引机承重梁的安装方法进行安装，如图4－3所示。

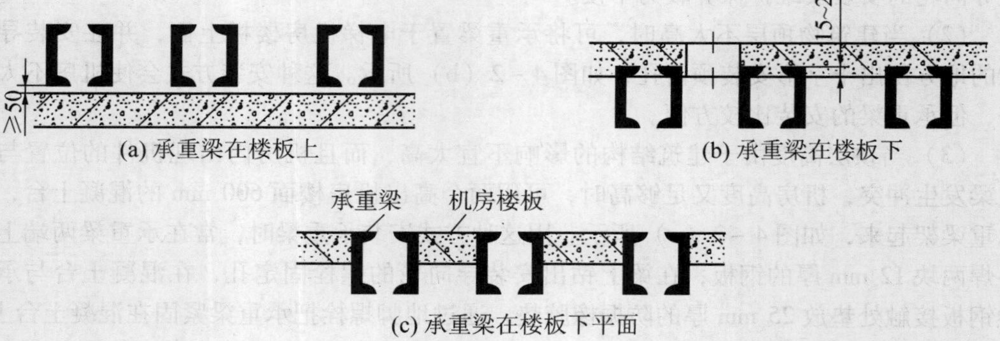

图4－3　无减速器曳引机承重梁安装方式

二、曳引机的安装

曳引机安装简图如图4－4所示。为了减小振动和噪声，通常采用橡胶垫块作为减振件。承重梁经安装、稳固和检查符合要求后，方能开始安装曳引机。安装有齿轮曳引机时，将绳绕悬在底盘上，通过吊装，水平放置在基座上，然后清除基座和电动机脚柱的支撑部位的灰尘和残漆，将电动机准确安放于曳引电动机底座上，采用定位销定位，并用螺栓拧紧。

1. 曳引机的安装方法

曳引机具体的安装方法与承重梁的安装形式有关：

（1）承重梁在机房楼板上时，先在楼板上安装妥当承重梁。对于控制噪声要求不太高的杂物电梯、货梯等，可以通过螺栓把曳引机直接固定在承重梁上。对于噪声控制要求严格的医梯、客梯，在曳引机底盘下面和承重梁之间还应设置减振装置。减振装置由上、下两块与曳引机底盘尺寸相等，厚度为20 mm左右的钢板和减振橡胶垫构成，橡胶垫位于上、下两块钢板之间。

为防止位移，上钢板和曳引机底盘需设置压板和挡板。

（2）承重梁安装在机房楼板下时，一般按曳引机的外轮廓尺寸，先制作一个高250～300 mm的混凝土底座，然后把曳引机稳固在底座上。

制作底座时，在底座上方对应曳引机底盘上各固定螺栓孔处，预埋好地脚螺栓，按

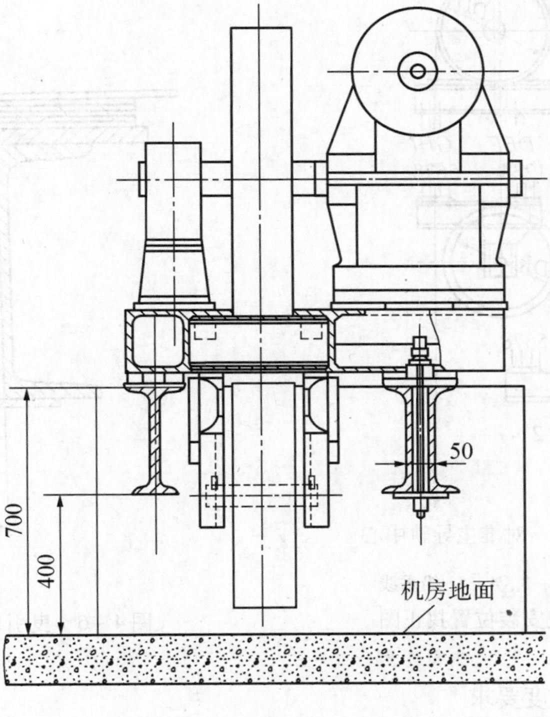

图 4－4　曳引机安装简图

安装平面布置图在承重梁的上方摆设好减振橡胶垫，待混凝土底座凝固后，把曳引机吊放在减振橡胶垫上，经调整校平校正后把固定螺栓拧紧，使底座和曳引机连成一体。

为防止电梯在运行过程中底座和曳引机之间产生位移，底座和曳引机两端还需用压板、挡板、橡胶垫等进行固定。

在安装过程中，可用图 4－5 所示的方法进行调整校正。校正前需在曳引机上方拉一根水平铅丝，而且从该水平线悬挂下放三根铅垂线：①对准井道上样板架标出的主导轨中心，即轿厢中心铅垂线；②对准对重导轨中心，即对重装置中心铅垂线；③按曳引轮的节圆直径，在水平线上再悬挂放下另一根铅垂线，即曳引轮铅垂线。根据轿厢中心铅垂线与曳引轮铅垂线，调整曳引机的安装位置。调整曳引机到正确位置后，拧紧吊装螺栓，如图 4－6 所示。

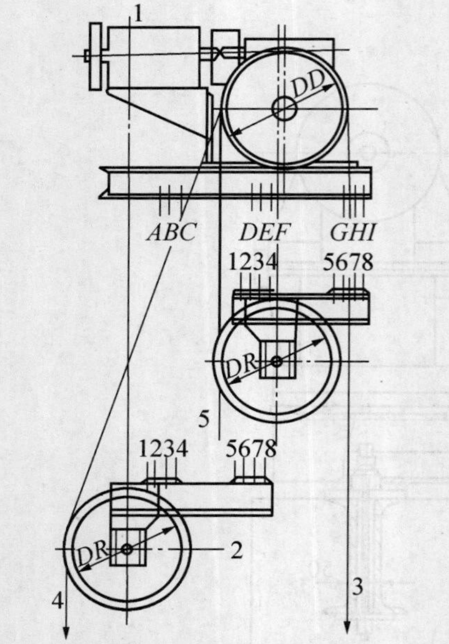

1. 曳引电动机；2. 导向轮；3、4、5. 铅垂线

图 4－5　曳引机安装位置找正图

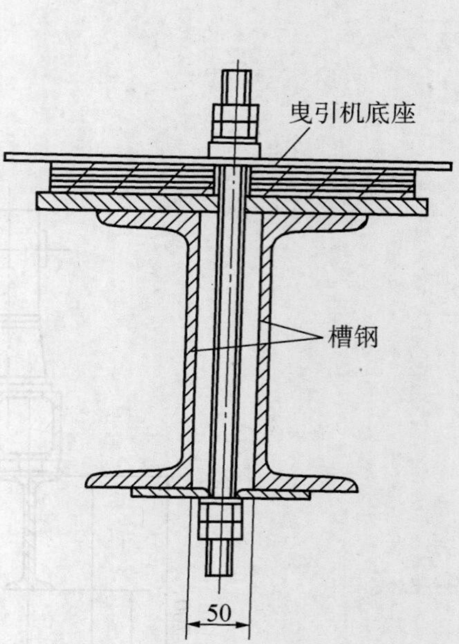

图 4－6　曳引机底座和基座的固定

2. 曳引机安装精度要求

（1）曳引轮安装位置精度（表 4－1）。

表 4－1　曳引轮安装位置精度值　　单位：mm

类别	甲类	乙类	丙类
前后方向	±2	±3	±4
左右方向	±1	±2	±2

（2）水平度：从曳引轮上边放一铅垂线，与曳引轮下边的最大间隙：远离减速器边应小于 0.5 mm，在减速器这边应小于 1/1000。

（3）当曳引机底盘与基础之间产生间隙时，应插入垫片。

（4）曳引机的技术要求在出厂前已经保证，安装时严禁拆卸曳引机。

（5）制动器的调节。在无曳引绳时空车进行。制动时闸瓦与制动轮的贴合面应在 80% 以上，松闸时闸瓦与制动轮间隙应小于 0.7 mm。

（6）曳引机安装完后应空载试验正反运转各半小时，检查平稳、噪声、振动情况。

3. 曳引机安装中的安全要求

曳引机起吊就位应使用悬挂在曳引机位置上方主梁吊钩上的环链手拉葫芦进行吊装。吊装前应认真检查主梁吊钩承载能力能否满足要求，手拉葫芦承载能力是否足够，各运行部件是否完好。应按安装说明要求的起吊方式，将索具套挂在曳引机座上的起吊孔上进行吊装。吊装的索具不能直接套挂在电动机轴、曳引轮轴等曳引机的机件上。起吊时应缓慢平稳地进行，当手动葫芦不是垂直受力时，应特别注意防止索具脱开或环链的断开而发生事故。起吊作业时要集中精神，由一人统一指挥，起吊工作要一气呵成，不得将曳引机长时间悬挂在半空中。

三、限速器的安装

限速器是限制电梯轿厢超速下行的安全装置。当电梯超速到限速器的动作速度时，限速器动作。限速器动作后即将限速器钢丝绳轧住，并同时将安全钳开关断开，使曳引电动机和制动器失电停止运行。如轿厢因失控或打滑而继续下坠，限速绳就拉动安全钳拉杆，使安全钳楔块将轿厢牢牢地轧住在导轨上。

1. 限速器的安装步骤

安装限速器应按以下步骤进行：

(1) 在安装限速器前，先在井道上方的楼板上浇注一个混凝土基础（该基础应大于限速器底座每边 25 ~ 40 mm，楼板和混凝土基础厚度之和应大于 250 mm），然后将限速器固定在其上。限速器也可以安装在承重梁上。

(2) 在安装时，先检查预留孔洞是否符合要求。如不符合要求，要修扩，但要注意孔洞不宜过大，以防止破坏楼板的强度。

(3) 按安装图要求的坐标位置，将限速器就位，然后确定限速器的位置。其方法是：从限速轮绳槽中心挂铅垂线至轿厢上横梁处的安全钳拉杆的绳头中心，再从这里另挂一根铅垂线到底坑中张紧轮绳槽中心，要求这三点垂直重合。然后，在限速轮右侧绳槽中心到底坑中张紧装置再拉一根铅垂线，如果限速轮与张紧轮直径相同，则这根线也应是铅垂的。限速器位置确定以后，用金属膨胀螺钉将其固定。

(4) 限速器钢丝绳的张紧力可通过增加或减少张紧装置中的配重块来调整，张紧装置在轿厢升降时沿着自己的导轨上下运动。

对于低速电梯，张紧装置是将配重挂在一个悬臂的臂架上，张紧装置上下运动的幅度较小，可不设配重导轨，由配重臂架通过配重和臂架上铰轴的转动使限速器钢丝绳被张紧。限速器的安装如图 4－7 所示。

2. 限速器的安装要求

安装限速器应符合以下要求：

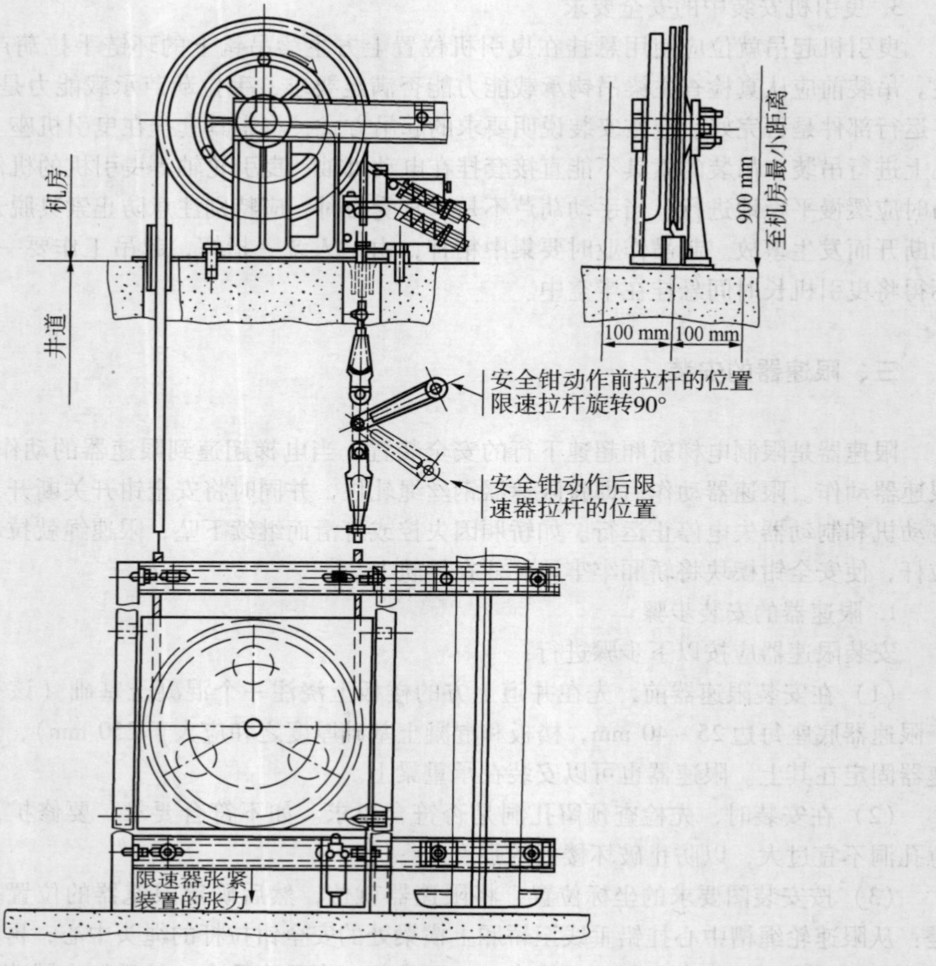

图 4－7　限速器的安装

（1）限速器绳轮的垂直度不应超过 0.5 mm，如图 4－8 所示。当垂直度大于 0.5 mm 时，可在限速器底面与底座间加垫片调整。

（2）限速器在前后和左右方向的位置偏差应小于 3 mm。

（3）限速装置绳索至导轨的距离，按安装平面布置图的要求，*a*、*b* 的偏差值应不超过 ±5 mm，如图 4－9 所示。

（4）限速器钢丝绳头必须用三个扎头，其间距应大于 5 倍钢丝绳直径，扎头 U 形螺钉置于不受力绳一边，如图 4－10 所示。

（5）调试限速器的速度测试开关，要求位置正确，动作可靠。

（6）电梯正常运行时，限速装置的绳索不应触及装置的夹绳机件。

另外，限速器的安全技术要求包括：①限速器经标定后加铅封，不准拆卸；②限速器轧绳装置应反应灵敏，轧绳可靠；③当绳索伸长或折断时应立即断开控制开关，迫使电梯停止运行；④限速器在正常运行时，绳索不应接触机构的压绳钳口，以防误动作。

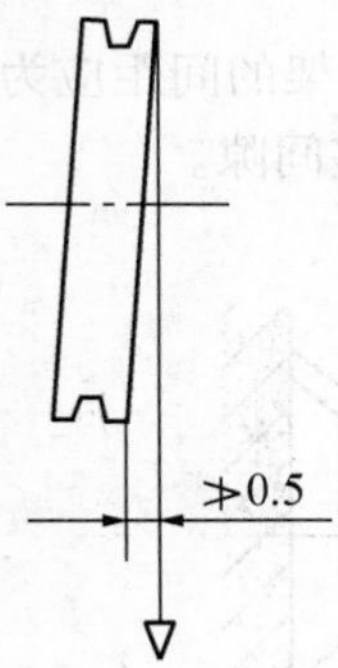

图 4－8　限速器绳轮的垂直度

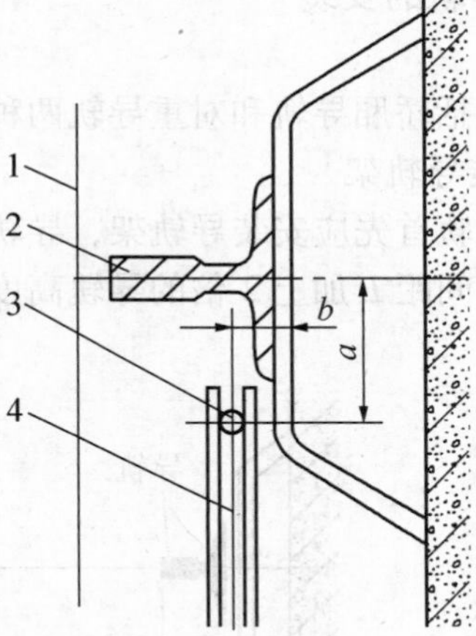

1. 轿厢底的外廓；2. 导轨；3. 限速器绳索；4. 张紧轮

a. 限速器绳与导轨中心距离；*b*. 限速器绳与导轨底面距离

图 4－9　绳索至导轨的距离

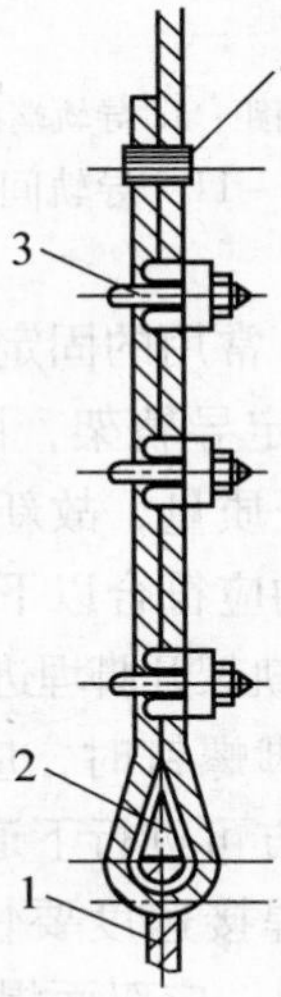

1. 安全钳拉杆连接件；2. 索具套环；3. 钢丝绳扎头；4. 扎结镀锌铁丝

图 4－10　限速器钢丝绳与安全钳拉杆的连接绳头

第二节　井道内设备安装及其安全技术

一、导轨的安装

导轨包括轿厢导轨和对重导轨两种。导轨固定在导轨架上。

1. 安装导轨架

安装导轨首先应安装导轨架，导轨架的形状多种多样。导轨架的间距应为图 4－11 中导轨端面间距 L 加上 2 倍的导轨高度 a 和 2 倍的 3～5 mm 调整间隙。

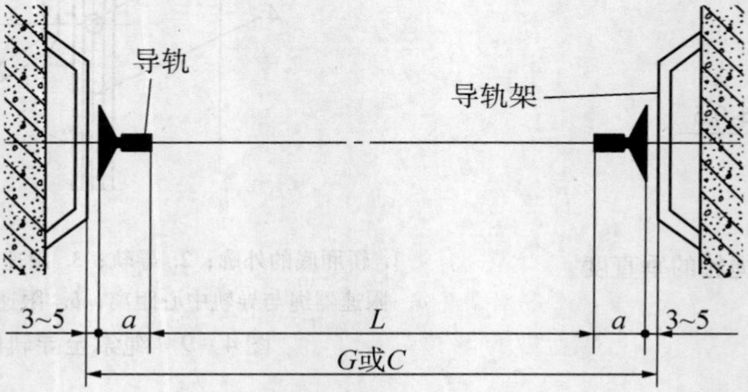

a. 导轨高度；*G*. 轿厢导轨架间距；*L*. 导轨端面间距；*C*. 对重导轨架间距

图 4－11　导轨间距

导轨架应与井道壁墙体牢固连接，常用的固定方法有埋入式、焊接式、对穿螺栓固定式等（图 4－12）。使用涨管螺钉固定导轨架，因其牢固性与螺钉本身的质量、墙体的强度及打孔时的误差有关，难以保证质量，故新国标中未推荐用此方法。

无论采用何种型式安装导轨架，均应符合以下安全技术要求：

（1）采用埋入式固定导轨架时，导轨架开脚埋进的深度不得小于 120 mm，见图 4－13。

（2）采用直埋式灌注导轨架或地脚螺钉时，应使用 400 号以上的水泥，并用水清洗外小内大的孔洞，待阴干 24 h 后，方可进行下道工序。

（3）采用焊接式固定导轨架时，焊接速度要快，避免预埋件过热变形。导轨架与预埋件及加强件之间的焊缝要焊接牢固，应双面焊且焊缝是连续的。

（4）导轨架应错开导轨接头 200 mm 以上，支架应安装水平，其水平度小于 1.5%，见图 4－13。

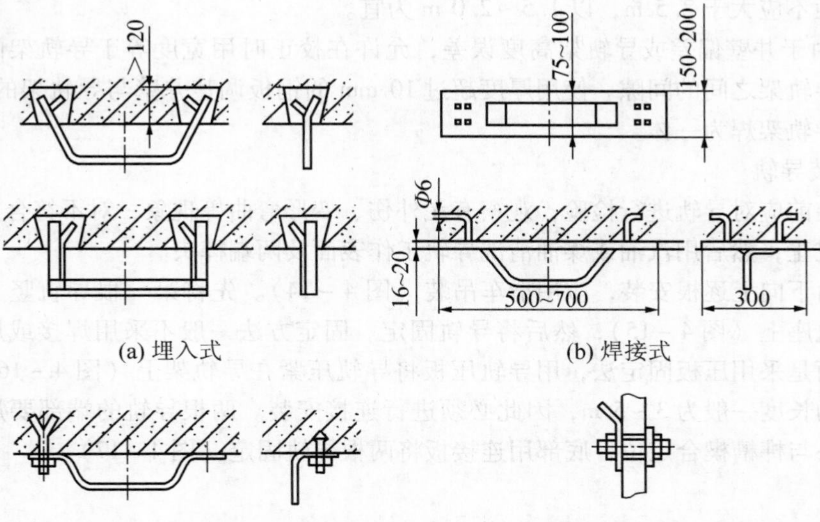

(a) 埋入式 (b) 焊接式

(c) 预埋螺栓或涨管螺栓固定式 (d) 对穿螺栓固定式

图 4－12 导轨架稳固方式

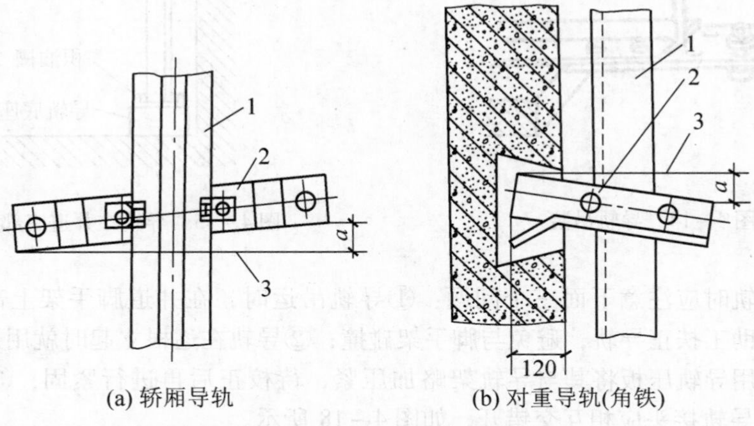

(a) 轿厢导轨 (b) 对重导轨(角铁)

1. 导轨；2. 导轨架；3. 水平线；*a*. 导轨支架水平度

图 4－13 导轨架的水平度和深度

（5）距顶层楼板不大于0.5 m处应安装一个导轨架。每根导轨至少应有两个导轨架，其间距不应大于2.5 m，以1.5~2.0 m为宜。

（6）由于井壁偏差或导轨架高度误差，允许在校正时用宽度等于导轨架的钢板调整井壁与导轨架之间的间隙。使用厚度超过10 mm的钢板调整井壁与导轨架的间隙时，钢板应与导轨架焊为一体。

2. 安装导轨

在安装前应对导轨进行检验，观察有无外伤、变形弯曲等现象，对不符合要求的导轨应予以校正，然后用汽油或煤油清洗导轨工作表面及两端榫头。

导轨由下向上逐根安装，应用滑车吊装（图4－14）。先将第一根导轨竖立在地面坚固的导轨座上（图4－15），然后将导轨固定。固定方法一般不采用焊接或用螺钉直接连接，而是采用压板固定法，用导轨压板将导轨压紧在导轨架上（图4－16）。由于每根导轨的长度一般为3~5 m，因此必须进行连接安装。两根导轨的端部要加工成凹凸形的榫头与榫槽楔合定位，底部用连接板将两根导轨固定（图4－17）。

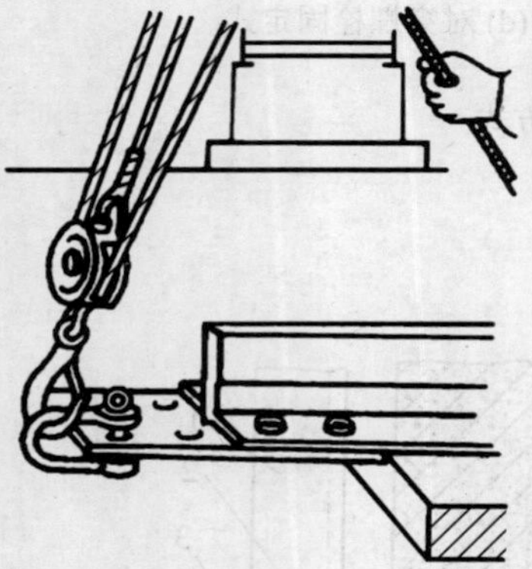

图4－14　导轨吊装

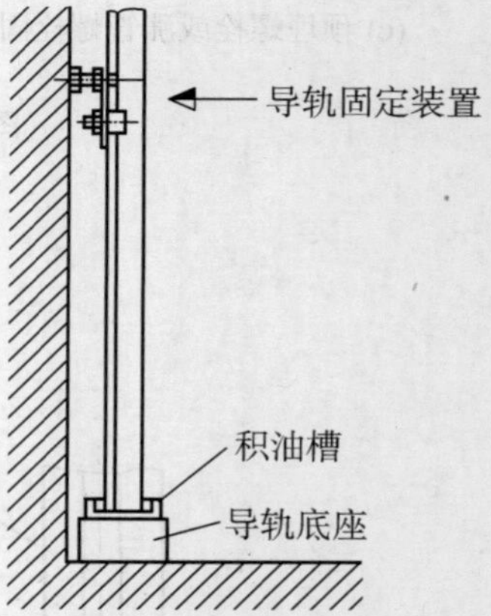

图4－15　导轨在井道底部的安装位置

安装导轨时应注意下面三个问题：①导轨吊运时，在井道脚手架上部、中部、下部，应由辅助工扶正导轨，避免与脚手架碰撞；②导轨在逐根立起时就用连接板相互连接牢固，并用导轨压板将其与导轨架略加压紧，待校正后再进行紧固；③轿厢（或对重）两侧的导轨接头应相互交错开，如图4－18所示。

轿厢导轨加工精度和安装质量的好坏，与电梯运行时的舒适感和噪声等有着直接关系。电梯的运行速度越快，对导轨安装质量要求越高。同样，电梯的对重导轨也是加工精度和安装质量越高越好。

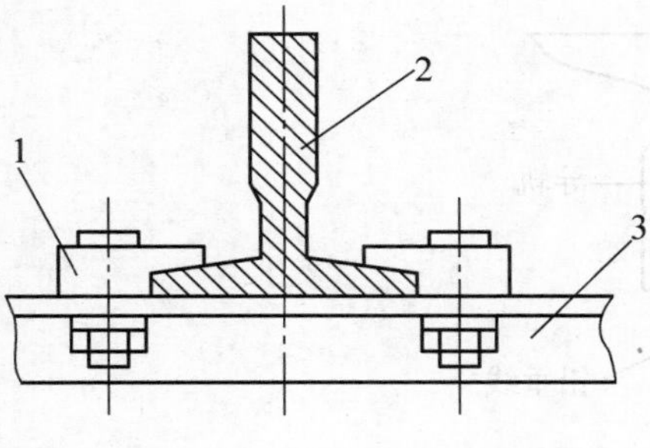

1. 压板；2. 导轨；3. 导轨架

图 4－16　压板固定法

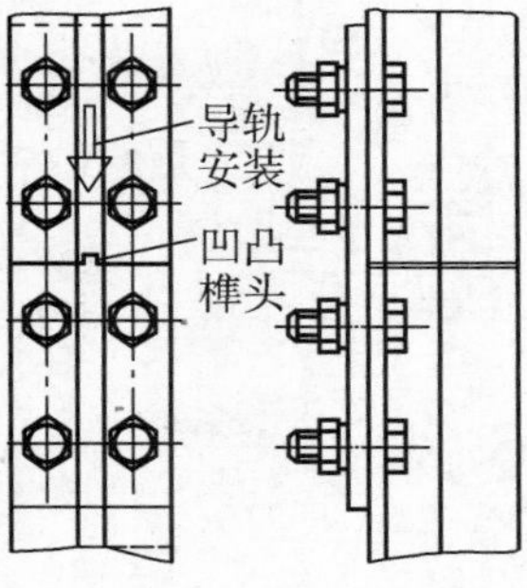

(a)　(b)

图 4－17　导轨的连接

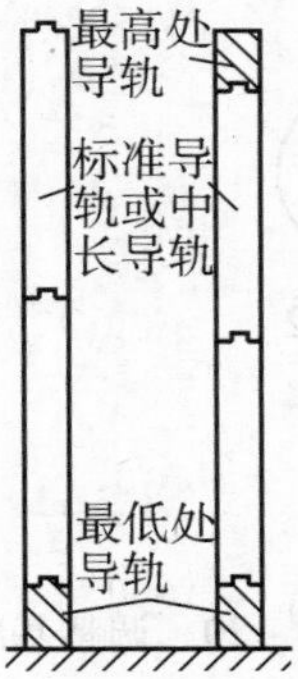

图 4－18　两列导轨的接头错开位置

导轨吊装完成后，需要对轿厢导轨、对重导轨进行认真的调整校正。导轨校正是以样板架为基准进行的，故应首先调整上下样板架，使铅垂线复位并绷直，在每列导轨距中心端 5 mm 处悬挂一铅垂线，如图 4－19 所示。

校正导轨可按以下两步进行：

（1）校正导轨垂直度。根据导轨和固定铅垂线的距离，用初校卡板校正，如图 4－20 所示。以样板架所悬挂下垂的铅垂线为依据，将导轨的垂直度与工作侧面调整达到规定的要求。

（2）校正导轨的间距和面平行度。使用精校卡尺自上而下进行测量校正，如图 4－21 所示。精校卡尺是检查和测量两列导轨间的距离、垂直、偏扭的工具。当两侧导轨侧面平行时，精校卡尺两端的箭头应准确地指向精校卡尺中心线。

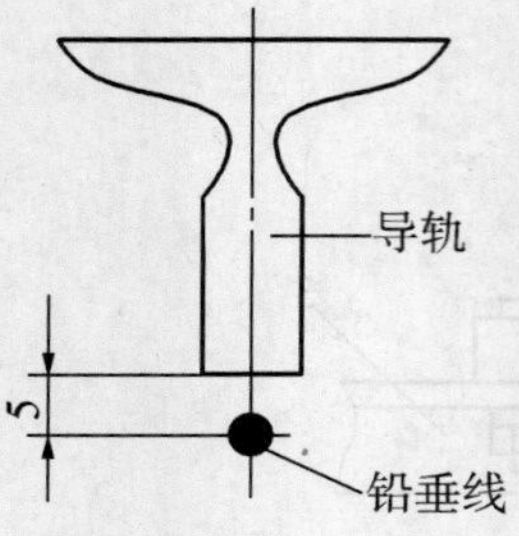

图 4－19　校正铅垂线

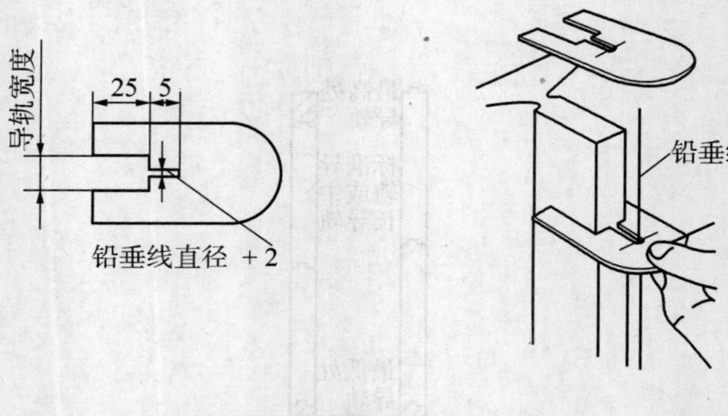

图 4－20　调整基准导轨

调整时可采用加减调整垫片，局部用铁刨、油石、锉刀等专用工具修整好。导轨经精校后应达到以下要求：

1）两列导轨端面间距误差：轿厢导轨为 0～2 mm，对重导轨为 0～3 mm。

2）相对的两列导轨在整个高度上工作面的相互偏差不应超过 1 mm，在每 5 m 高度上不应超过 0.7 mm。

3）导轨接头处不应有连续的缝隙，局部缝隙口应不大于 0.5 mm。接头处台阶在 ±150 mm 内间隙小于 0.05 mm。

4）导轨接头处的台阶应按表 4－2 规定的修光长度修光。修光后的凸出量应小于 0.02 mm，如图 4－22 所示。

5）导轨应用压板固定在导轨架上，不允许焊接或用螺栓直接固定。

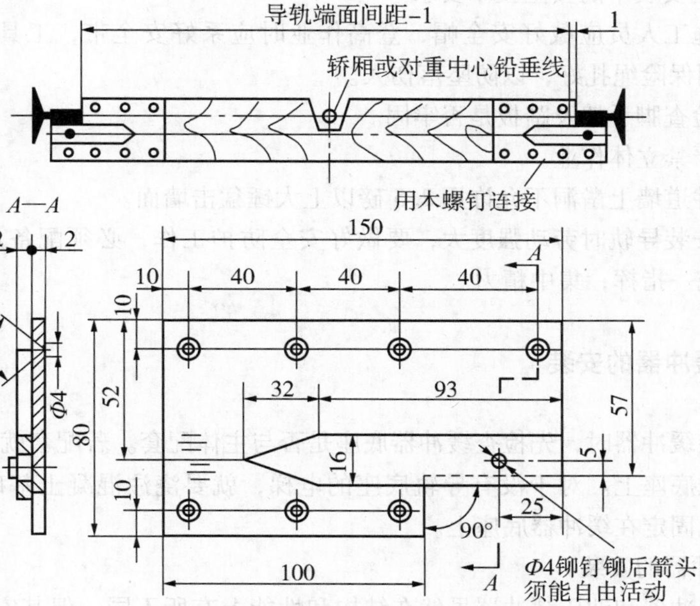

图 4－21　导轨精校卡尺

表 4－2　导轨接头台阶的规定修光长度

电梯类别	高速梯	低速、快速梯
修光长度/ mm	300	200

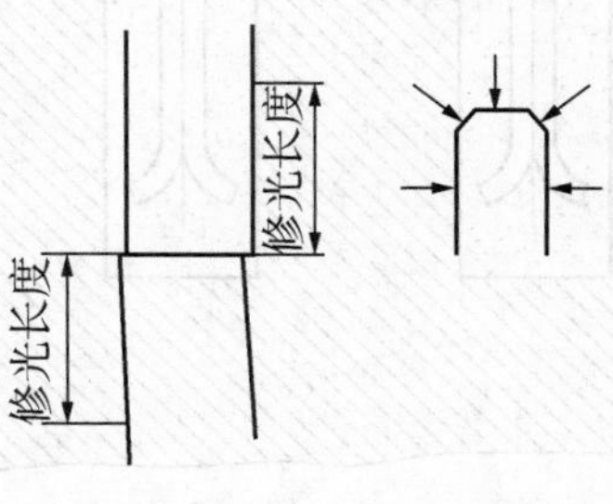

图 4－22　导轨接头修光长度

3. 导轨安装中的安全技术要求

(1) 施工人员应戴好安全帽，登高作业时应系好安全带，工具应放在工具袋内，大型工具用保险绳扎好，以防坠落伤人。

(2) 检查脚手架及踏板是否牢固。

(3) 严禁立体作业。

(4) 井道墙上凿洞不允许用2.5磅以上大锤猛击墙面。

(5) 安装导轨时劳动强度大，要做好安全防护工作，必须配备足够的人力，由专人负责，统一指挥，集中精力。

二、缓冲器的安装

在安装缓冲器时，先检查缓冲器底座是否与主体配套。若配套就可以将缓冲器底座安装在导轨底座上。对于没有导轨底座的电梯，就要浇注混凝土基础。缓冲器必须牢固、可靠地固定在缓冲器底座上。

1. 缓冲器的安装

弹簧缓冲器和油压缓冲器虽然在结构和性能上有所不同，但其安装要求基本相同。这里以油压缓冲器为例说明安装过程。

(1) 根据缓冲器安装的要求（包括数量、位置尺寸等）浇注混凝土柱基础。用水平仪调整柱底板并将其固定在混凝土内（图4－23）。

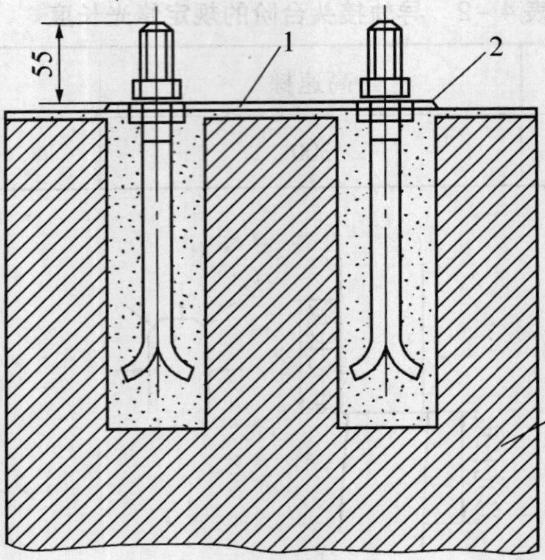

1. 灌注混凝土的开口；2. 柱底板；3. 柱基础

图4－23 缓冲器柱底安装

（2）取下柱底板的上螺母并安装缓冲器。

（3）用水平仪和铅垂线调节缓冲器，必要时可使用垫片。

（4）用一字旋具取下柱塞盖，将油位指示器打开，以便空气外逸。然后，加油至油位指示器上油位刻度线，用盖子将开口关闭。

（5）安装瞬动开关，如图 4－24 所示。触点支撑必须用手通过螺钉连接在油缸上，操作托架准确地调节至触点槽的中点，然后将触点支架拧紧，检查操作触点间隙是否仍然在 1 mm 左右。

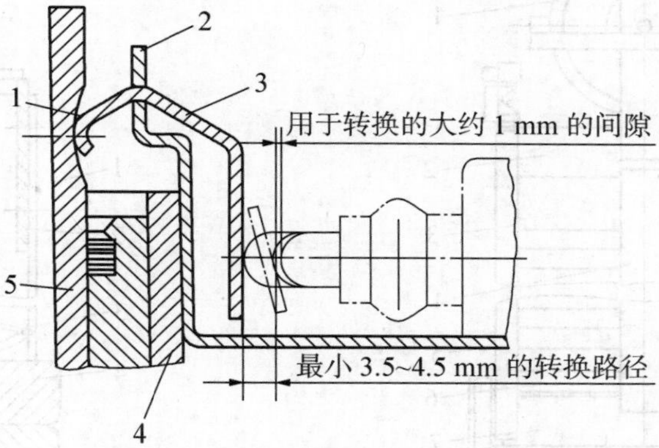

1. 触点槽；2. 触点支架；3. 操作托架；4. 压力缸；5. 柱塞

图 4－24 缓冲器触点的安装

2. 缓冲器的技术要求

缓冲器经安装调整后，应满足下列要求：

（1）轿厢、对重底部碰撞板中心与其缓冲器顶面板中心偏差不大于 20 mm。

（2）当一个轿厢采用两个缓冲器时，两个缓冲器顶部高度偏差不大于 2 mm。

（3）采用液压缓冲器时，其柱塞垂直度不大于 0. 5 mm；采用弹簧缓冲器时，弹簧顶面的水平度不大于 0. 4%。

（4）液压缓冲器内用油标号、油量加注正确。

（5）当液压缓冲器压缩时必须慢慢地、均匀地向下移动。

（6）液压缓冲器的电气安全开关每次动作后应在缓冲器回复至其正常伸长位置后复位，电梯方能运行。

三、对重的安装

对重装置由对重架和对重铁块组成，如图 4－25 所示。在安装对重装置时，首先应在底坑架设一个由方木构成的木台架，木台架的高度为底坑地面到缓冲器越程位置时的距离。然后拆卸下对重架一侧的上下两个导靴，在电梯的第二层左右吊挂一个手动葫芦。用手动葫芦将对重架由下端站口吊入井道底坑内的木台架上，再装上导靴，最后将对重块装入对重架内。铁块要平放、塞实，并在最上面的重块的顶面中心安装防跳安全件（图4－26），防止运行时由于铁块窜动而发生噪声。

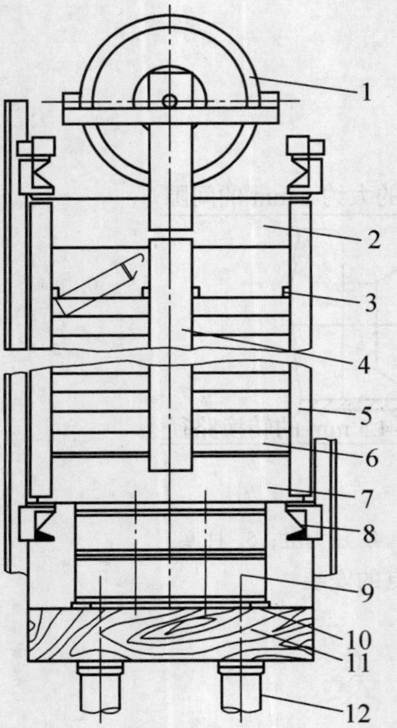

1. 反向滑轮；2. 上横梁；3. 防跳安全件；4. 中间立柱；5. U形槽钢立柱；6. 充填式重块；7. 下横梁；8. 导靴；9. 缓冲器基座H形槽钢；10. 缓冲器撞板；11. 填木；12. 缓冲器

图4－25 对重的安装

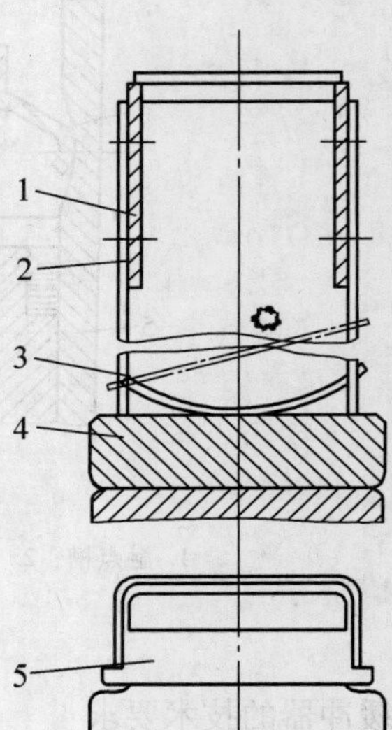

1. 上横梁；2. U形槽钢立柱；3. 防跳安全件；4. 充填式重块；5. 防跳安全件

图4－26 安装防跳安全件

四、曳引钢丝绳、悬挂装置及补偿装置的安装

1. 绳头组合

曳引绳和曳引绳锥套是连接轿厢和对重装置的机件。曳引钢丝绳绳头组合有很多种形式，常用的方法有巴氏合金浇注法、自锁楔形绳套固定法和绳夹固定法。

(1) 巴氏合金浇注法。用巴氏合金浇注的绳头组合，其制作工艺如下：曳引钢丝绳的长度应根据轿厢和对重位置、曳引方式、曳引比及加工绳头的余量，以及在井道内实际测量所得的长度来截取。钢丝绳应展开后再测量长度。为了避免绳头松散，在裁截处用Φ0.5～1.0 mm退火铁丝分三处扎紧（图4－27），然后在第一处扎紧端用钢凿、砂轮切割机、钢丝绳剪刀等工具将绳截断。将已截断的曳引钢丝绳头插入锥套内，解开第一处（图4－27最左端）铁丝，松开绳股，并在第二处捆扎位置附近将纤维绳芯截断（图4－28）。并用柴油清洗松散部分，去除油脂、砂尘，以利于灌注巴氏合金。

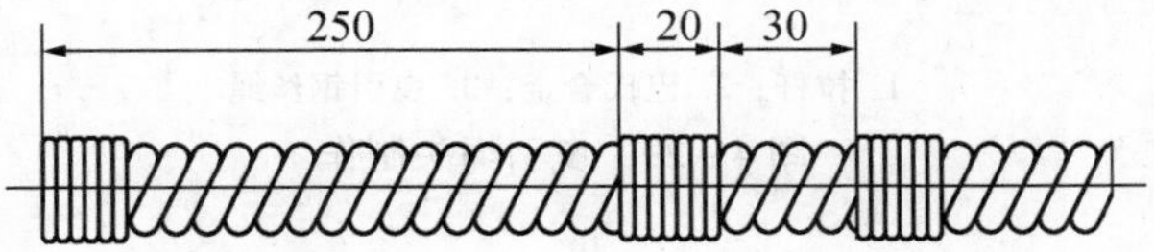

图4－27　钢丝绳扎紧示意

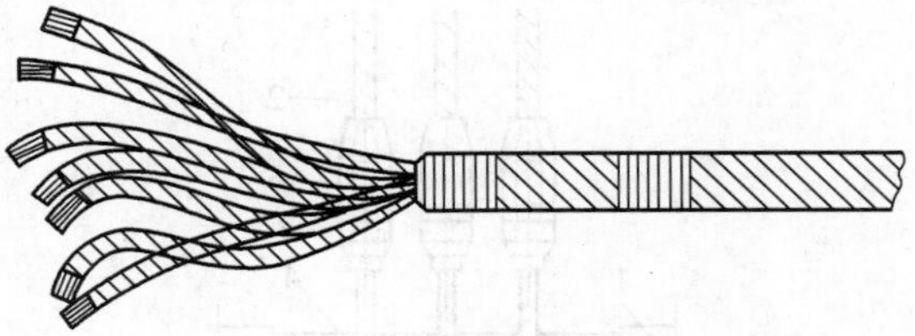
图4－28　松开曳引绳股

如图4－29所示，把清洗干净的各股曳引钢丝绳向内作四环花结，其打弯长度应大于曳引绳直径的2.5倍，并且小于插入锥套部分的长度。将曳引钢丝绳全部拉入后，第二处捆扎铁丝绝大部分应露出锥体小端。

将锥套预热至40～50 ℃，锥套大端向上垂直固定，在小端出口处缠上布条（或棉纱），以防熔液渗透后外流。将巴氏合金放入专用金属器皿内，加热至270～350 ℃（其颜色发黄），去除浮碴。将熔解的巴氏合金从锥套大口处不间断浇入，一边浇注一边敲击，浇注面应高出锥孔10～15 mm（图4－29）。要求一次浇注成功，不允许进行多次浇注！否则绳头报废，需重新浇注。

绳头组合中的绳固定装置（本图为锥形套筒），小端连接曳引绳头（有几条曳引绳就应用几个绳头组合），套内浇注了巴氏合金，将绳头铸在锥套中，拉杆插入轿厢或对

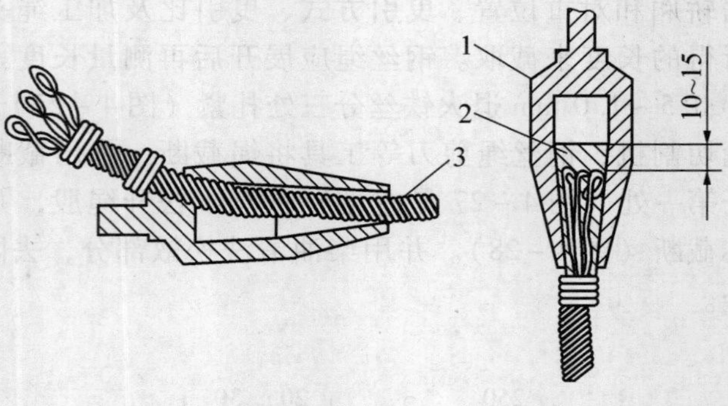

1. 拉杆；2. 巴氏合金；3. 曳引钢丝绳

图 4－29　曳引绳头制作

重架上梁的绳头板孔中，并套入弹簧，加设垫圈，用双螺母固定，并加上开口销以防脱落（图 4－30）。

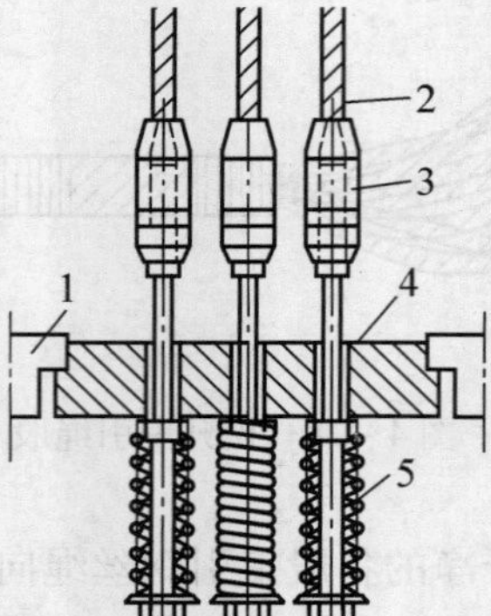

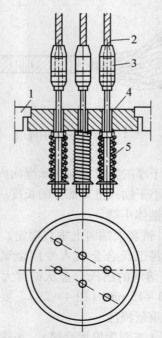

1. 上横梁；2. 曳引绳；3. 绳头固定装置；4. 绳头板；5. 绳头弹簧

图 4－30　曳引绳头组合装置

浇注巴氏合金时一要注意防火，二要一气呵成，三要待完全冷却后方可移动绳头。

当浇注的巴氏合金凝固并冷却后，取下锥体小端出口处的防漏布条（或棉纱）。如果从此处可看到有少量巴氏合金渗出，说明灌铸饱满。接着查看曳引钢丝绳与锥套是否成一直线，绳的捻向有没有呈不均匀状态或散股现象。一旦发现曳引钢丝绳在小锥体外松散或曳引绳歪斜，巴氏合金未渗透到锥体小端孔底，则浇注不合格，必须重新浇注。

（2）自锁楔形绳套固定法。自锁楔形绳套（图4－31）由绳套和楔块组成。由曳引钢丝绳绕过楔块套入绳套再将楔块拉紧，靠楔块与绳套内孔斜面的配合自锁，并在曳引钢丝绳的拉力作用下，越拉越紧。楔块的下方设有开口销孔，插入开口销可以防止楔块松脱。

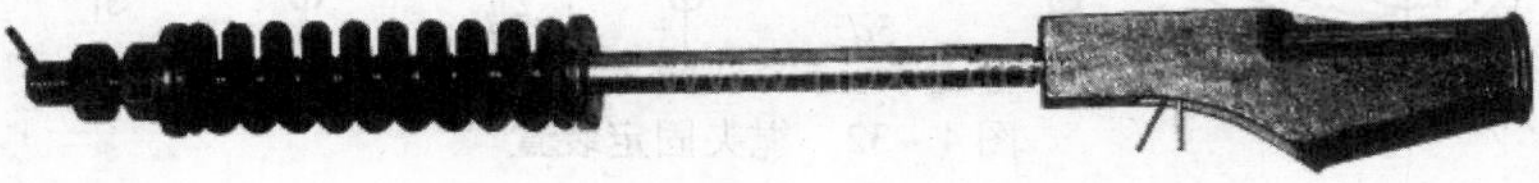

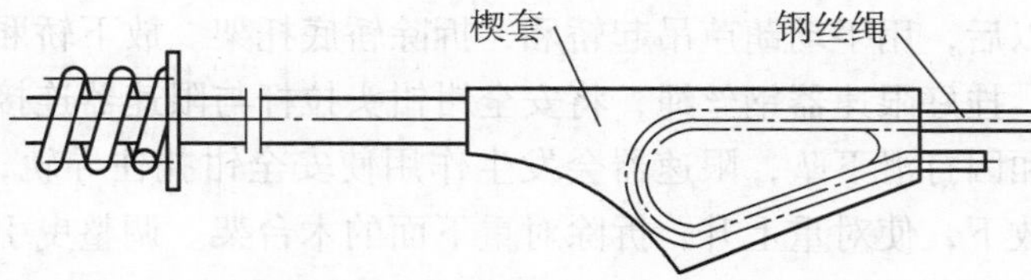

图4－31　自锁楔形绳套装置

目前较多使用此种方式，主要原因是现场施工方便，便于调整，对曳引钢丝绳基本无损伤。已经有较多的电梯配件生产厂专业生产此装置，价格相对较低。

（3）绳夹固定法（图4－32）。用绳夹固定绳头是非常方便的方法，但必须注意绳夹规格与钢丝绳直径的匹配及夹紧的程度。固定时必须使用三个以上的绳夹，而且U形螺栓应卡在钢丝绳的短头。绳夹固定法在施工时非常方便，属于起重装置中通用的部件，有大量的配件工厂生产，采购容易且成本低。但如果U形螺栓夹得过紧会损伤钢丝绳，过松则连接不可靠，一般只用于杂物梯上。

2. 悬挂曳引绳

将曳引绳自由悬吊4～5 h，消除其内应力，避免电梯运行时钢丝绳产生扭曲、造成局部过早磨损，保证曳引绳的正常使用寿命。

从机房往下挂绳。当曳引方式为1∶1时，把绳的一端从曳引轮一侧放至轿厢并固定在轿架的绳头板上，另一端经导向轮下放至对重装置并固定在对重架绳头板上；当曳引方式为2∶1时，曳引绳从曳引轮两侧分别下放至轿厢和对重装置，穿过轿顶轮和对重轮再返回机房，并固定在绳头板上。

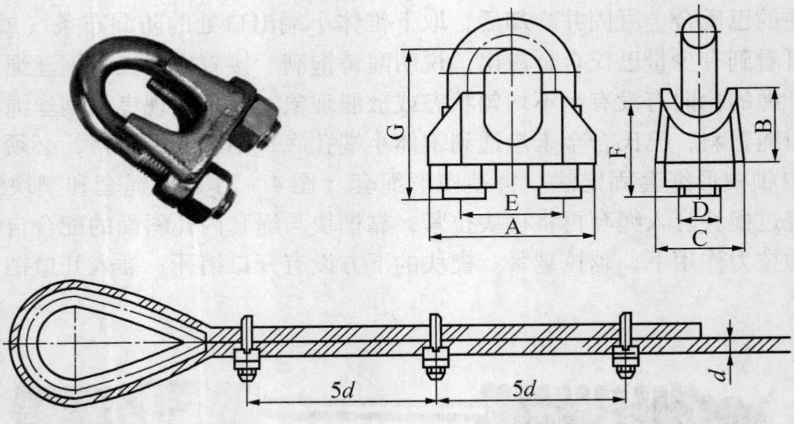

图 4-32　绳夹固定装置

曳引绳挂好以后，用手动葫芦吊起轿厢，拆除轿底托架。放下轿厢之前，必须装好限速器、安全钳，挂好限速器钢丝绳，将安全钳钳头拉杆与限速器连接好。这样做的目的是万一这时轿厢因打滑下坠，限速器会发生作用使安全钳扎住导轨，防止轿厢坠落。然后将轿厢慢慢放下，使对重上升，拆除对重下面的木台架。调整曳引绳锥套上面的弹簧螺母，使各根曳引钢丝绳均匀受力（误差小于 5%）。与此同时，还必须检查轿厢地坎与层门地坎之间的距离、门刀与层门门轮之间的距离、门刀与层门地坎之间的距离、导靴与导轨的吻合情况、安全钳与导轨面的距离、轿厢及对重的水平度等是否有变化。若发现变化，需要调整至符合要求，最后固定好绳头板，保证各绳头连接可靠，拧紧锁紧螺母。

3. 补偿装置的安装

如果电梯提升高度超过 30 m 或运行速度为 1.5 m/s 及以上时，还应安装补偿装置。

（1）钢丝绳补偿装置。采用钢丝绳作补偿装置（图 4-33）时，其安装方法是先截取规定长度的钢丝绳，做好绳头装置，并用绳头螺钉与轿底和对重底下的绳头板相互连接。在底坑中应设有补偿绳张紧装置。

（2）链条类补偿装置（图 4-34），用于额定速度小于 1.75 m/s 的电梯。其中，图（a）所示为将补偿链两端分别固定在轿厢和对重底部；图（b）所示则是将补偿链一端固定在轿厢底部，另一端固定在提升高度一半的井道壁上。补偿链的长度应是在电梯冲顶或撞底时，不致拉断或与底坑相碰，补偿链的最低点离开底坑地面应大于 100 mm。采用补偿链作补偿装置时，可采用双环加螺钉固定的方法，其悬挂方式如图 4-35 所示。补偿链（缆）安装时应特别注意在没有扭转时进行悬挂。为了减少补偿链的工作

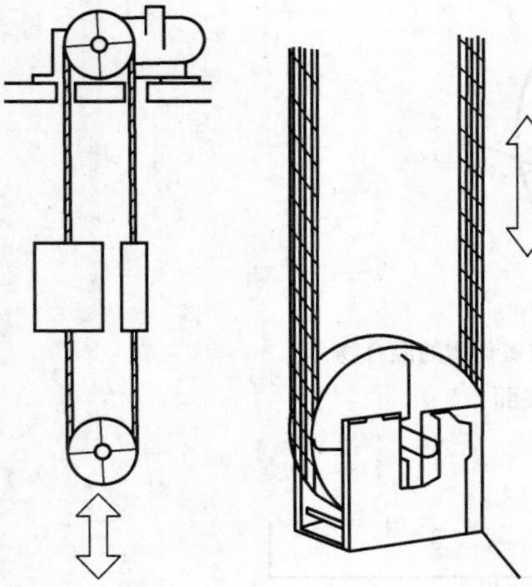

图 4－33　钢丝绳补偿装置

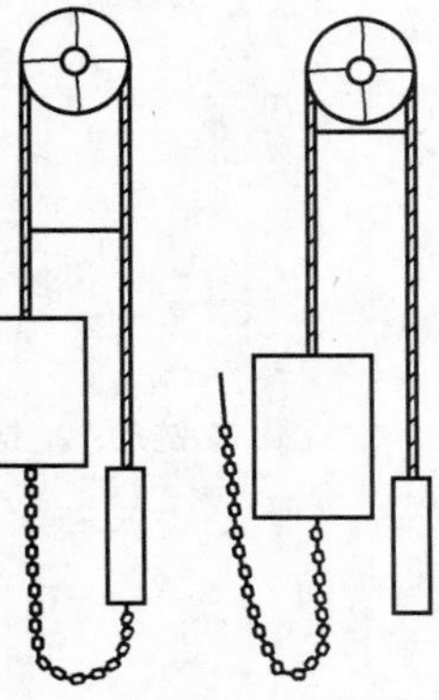

图 4－34　链条类补偿装置

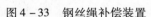

噪声，可在链环上适当涂些润滑脂。

（3）补偿缆补偿装置。补偿缆内有低碳钢制成的环链，中间填塞物为金属颗粒以及聚乙烯与氯化物的混合物（补偿缆的截面如图 4－36 所示），链套采用可防火、防氧化的聚乙烯护层。补偿缆具有质量密度高、运行噪声小的优点，适用于中、高速电梯。

采用补偿缆作补偿装置时，其悬挂方式如图 4－37 所示。采用 U 形螺栓及 S 形悬钩的方法固定补偿缆端部。

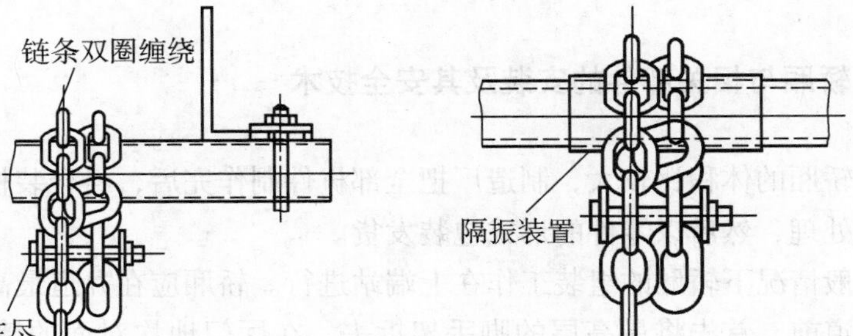

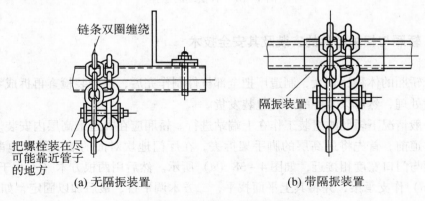

图 4－35　补偿链在轿底的悬挂

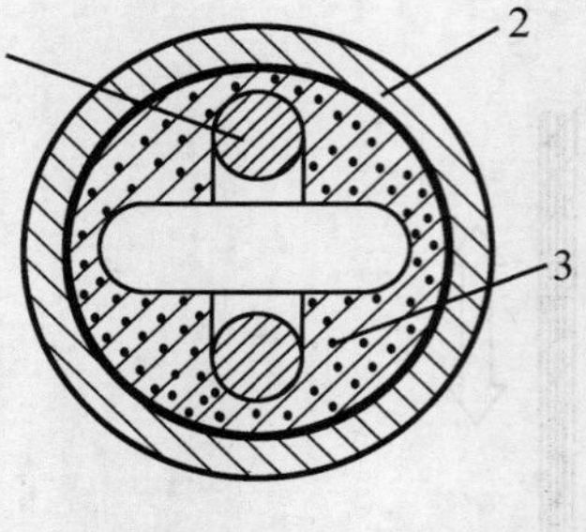

1. 链条；2. 链套；3. 金属颗粒以及聚乙烯与氯化物的混合物

图 4－36　补偿缆的截面

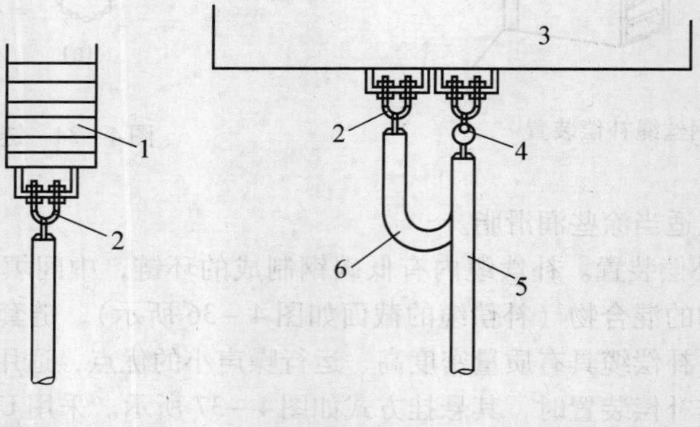

1. 对重；2. U 形螺栓；3. 轿厢底；4. S 形悬钩；5. 补偿绳；6. 安全回环

图 4－37　补偿缆的悬挂

五、轿厢与相关部件的安装及其安全技术

由于轿厢的体积比较大，制造厂把全部机件制作完后，经合装检查再拆成零件进行表面装潢处理，然后以零件的形式包装发货。

在一般情况下轿厢的组装工作在上端站进行。轿厢应在井道最高层内安装。在轿厢架进入井道前，首先将最高层的脚手架拆去，在厅门地坎对面的墙上平行地凿两个孔洞，孔距与门口宽度相接近，如图 4－38（a）所示。然后用两根方木（不小于 200 mm ×200 mm）作支承梁，并将其上平面找平，二方木调平行，最后加以固定，如图 4－38（b）所示。另外，在井道顶通过轿厢中心点的曳引绳孔，并借助于楼板承重梁用手拉葫芦来悬吊轿厢架，如图 4－39、图 4－40 所示。

轿厢的组装工作比较麻烦，由于轿厢是乘用人员的可见部件，装潢比较讲究，组装

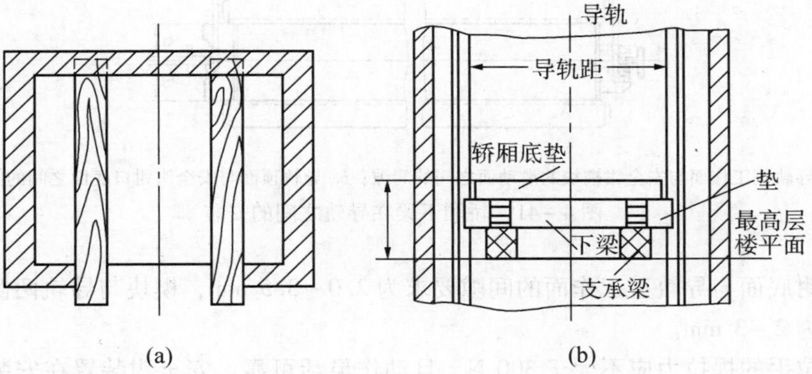

图 4－38 轿厢支承架的设置

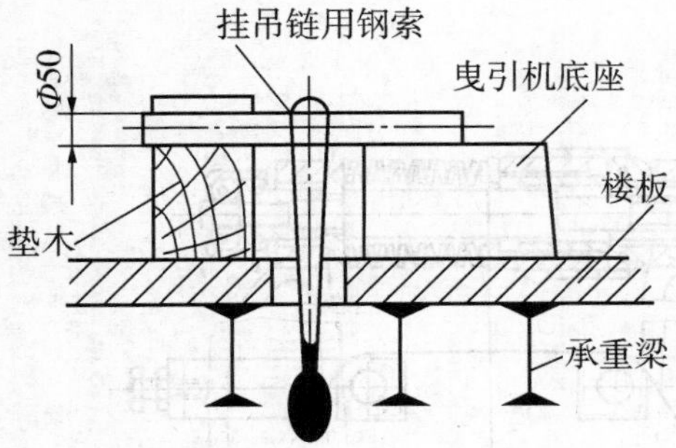

图 4－39 轿厢的悬吊装置

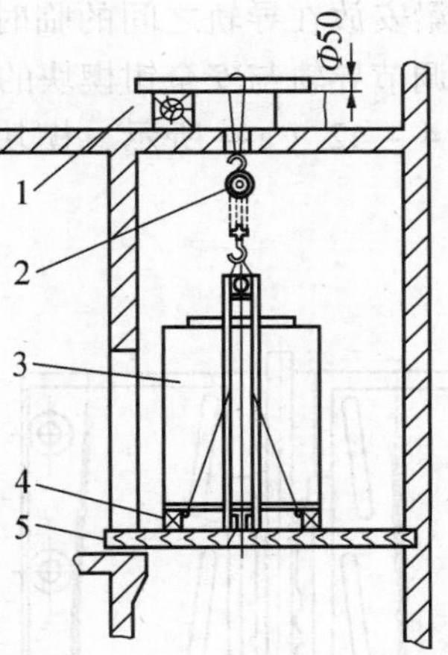

1. 机房；2. 手动葫芦；3. 轿厢；4. 木块；5. 方木

图 4－40 轿厢的组装

时必须避免磕碰划伤。

1. 安全钳的安装

先将安全钳装入轿厢架上的安全钳座内，然后装上安全钳的拉杆，使拉杆的下端与楔块连接，拉杆的上端与上梁的安全钳传动机构连接。调整各楔块拉杆上端螺母，使安全钳楔块面与导轨工作面的间隙达到规定要求。最后调整上梁的安全钳联动机构的非自动复位开关，使之在安全钳动作的瞬间先断开电气控制回路。

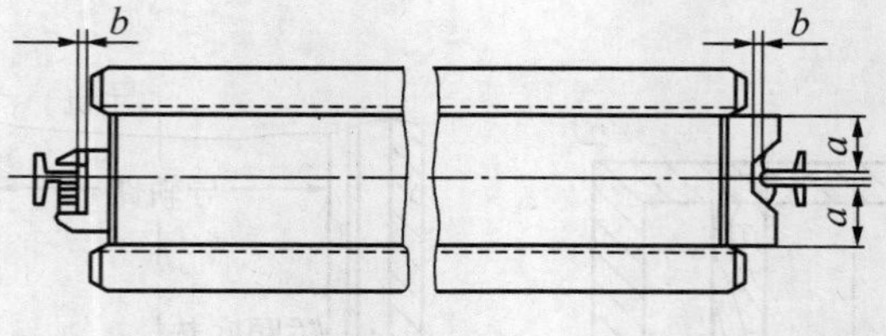

a. 导轨侧工作面与安全钳楔块的滑动面之间的间隙；*b.* 导轨顶面与安全钳钳口底面之间的间隙

图 4－41　轿厢下梁在导轨之间的安装

安全钳底面与导轨正工作面的间隙要求为 2.0～3.5 mm，楔块与导轨两侧工作面的间隙要求为 2～3 mm。

绳头拉手的提拉力应不大于 300 N，且动作灵活可靠。安全钳装置在安装完后，必须进行试验。

2. 下梁和轿底的安装

将下梁安放在导轨之间的临时支承梁上，并用水平仪调节至水平，如图 4－41 所示。然后调节导轨与安全钳楔块的滑动面之间的间隙。楔块式固定安全钳与导轨之间的间隙如图 4－42（a）所示，楔块式弹性安全钳与导轨之间的间隙如图 4－42（b）所示。

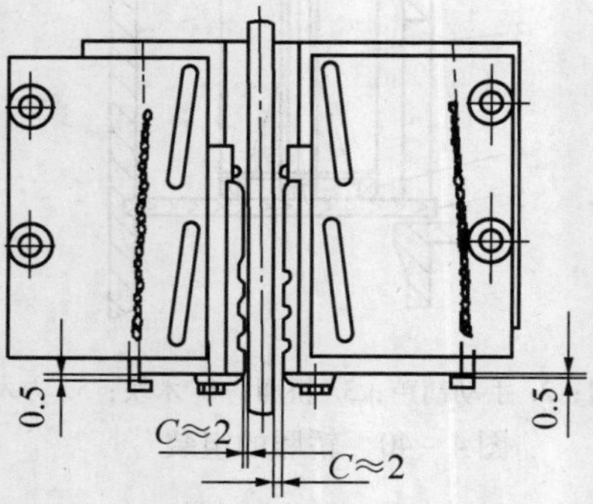

*C.*安全钳楔块与导轨之间的间隙

(a) 楔块式固定安全钳

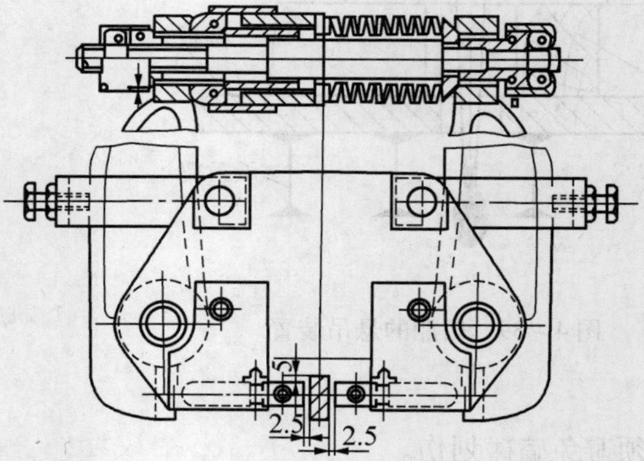

(b) 楔块式弹性安全钳

图 4－42　安全钳与导轨之间的间隙

接着应将下面的导靴安装妥善。

根据预先安装在上、下梁上的螺栓数，可确定轿厢的每侧应安装两根还是四根立柱角铁。在安装立柱角铁（侧面护板）的同时，应把下面极限开关凸轮用的固定板拧上去。把拉条旋到安全钳楔块的螺栓孔上并拧紧，最后安装轿底。如果轿厢带减振元件，则应预先安装在下梁上（图4－43）。需要强调的是，应保证轿底不致发生倾斜并调至水平。

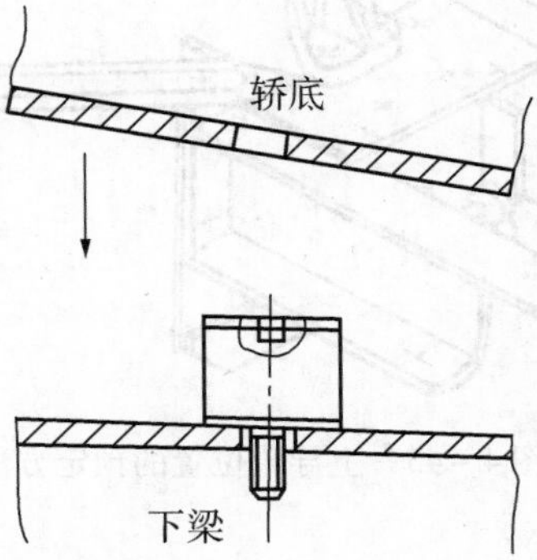

图4－43　轿底减振元件的安装

3. 轿壁的安装

（1）把电缆槽和操纵箱安装在相应的轿壁上，先装配轿厢的后壁，再装配侧壁，最后装配前壁。对设有轿门这一侧的轿壁应用弯尺校正，其垂直度应不大于1/1000。

（2）安装踢脚板。

（3）安装门额和地坎部件。

4. 轿顶和上梁部件的安装

（1）把轿顶装妥，盖上保护板。然后安装轿顶压板。

（2）检查限速器杠杆的位置及预先安装的零件，装上梁。把上梁安装在两侧立柱上并校正，同时安装上极限开关凸轮用的固定板及限速器拉杆用的挡板卡箍（止动弯件），如图4－44所示。

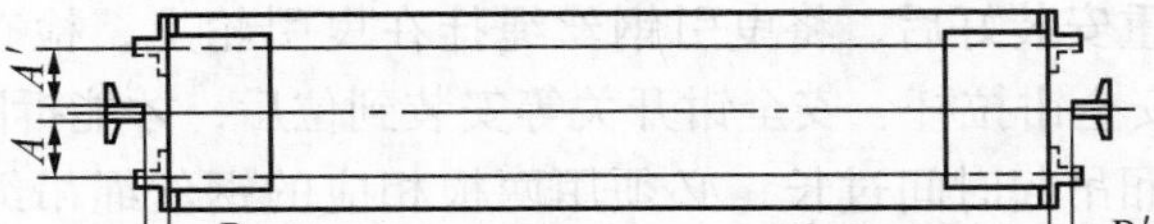

图4－44　挡板卡箍的安装

（3）将上梁调整到与下梁平行的位置，在固定导靴之前用铅笔将正确位置标上去，如图 4－45 所示，然后安装上导靴。

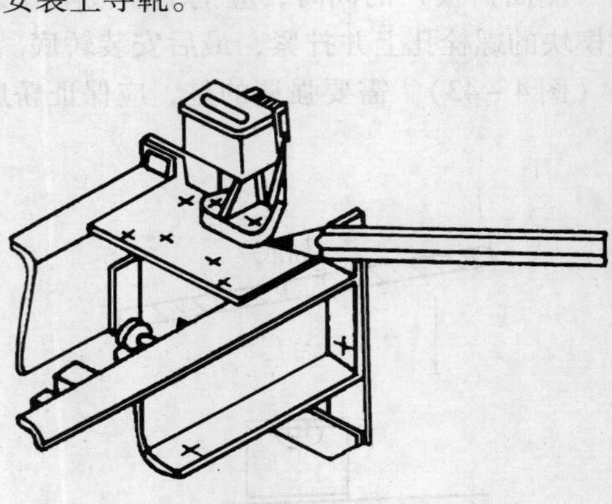

图 4－45　上导靴位置的预定方法

（4）安装悬挂装置，并悬挂轿厢。依据样板架垂下的轿门铅垂线，确定轿厢门套立柱的位置和尺寸，安装轿门、开门机、安全触板和门刀。此外，还要注意安装轿厢扶手、装饰吊顶、整容镜，以及照明灯、操纵箱、轿内指层灯箱等（参见下一章的“轿厢电气装置安装”部分）。

安装导靴时，应使同一侧上下导靴保持在同一个垂直平面内。固定式（刚性）导靴与导轨端面应保留适当的间隙，使其两侧间隙各为 0.5～1.0 mm；弹性导靴与导轨端面应无间隙，弹性导靴对导轨端面的压力应按预定的设计值调定，过紧或过松均会影响电梯乘坐的舒适性；滚轮导靴外圈表面与导轨端面应紧贴。

轿厢和轿门在组装过程中应边组装边校正，组装后的每个零部件都要分别达到规定要求；全部机件装配完后再进行一次全面的检查校正工作，以确保安装质量。

5. 轿厢安装过程中的安全技术

（1）吊装轿厢的工具与设备必须严格检查并估计被吊物重量。

（2）吊装前选好手拉葫芦支撑点，配好与起重量相适应的手拉葫芦。吊装时，施工人员应站在安全位置操作。

（3）轿厢和对重安装好后，将曳引钢丝绳挂在曳引轮上，检查限速器、限速器钢丝绳、张紧装置、安全钳拉杆、安全钳开关等安装到位后，才能拆除支撑横梁。

（4）如需将轿厢吊起时间过长，必须用两根相应的钢丝绳吊绳将轿厢吊在承载装置上，使手拉葫芦不承担载荷，只起保险作用。

六、层门的安装

层门部分的机械部分主要由层门地坎、层门导轨、层门门扇、层门门锁等部件构成。其安装要求如下。

1. 层门地坎安装

层门地坎固定前，先按轿厢净开门宽度在每根地坎上做相应的标记，用于校正安装时的左右偏差。然后从样板架上放两根与净开门宽度相同的放样线（铅垂线），作为地坎安装基准。

用螺钉将层门地坎与下门框连接并固定在一起，将地坎上的标记对准层门上 *A* 的铅垂线，定位后用 400 号以上水泥砂浆把地坎 *B* 稳固在井道内侧的牛腿上（图 4－46）。如果土建时漏做牛腿，需要补加钢牛腿。

为了防电梯厅外积水流入井道，地坎应高出厅外装饰后的地平面 2～5 mm，并抹成 0.1%～0.2% 的斜坡；地坎上表面水平度不应超过 0.2%；在砂浆注好阴干 72 h 后，方可进行下道工序。

2. 层门导轨的安装

层门导轨一般安装在层门两侧的立柱上，立柱与地坎、井道壁固定。层门导轨与层门地坎槽在两端和中间三处距离的偏差均不大于 1 mm。立柱与导轨调节达到要求后，应将门立柱外侧与井道间的空隙填实，防止受冲击后立柱产生偏差。立柱与导轨的安装如图 4－47 所示。

3. 层门门扇安装

首先将门滑轮、门靴等附件与门扇牢固连接，然后将门扇挂在门导轨上。层门装好后应满足如下要求：

（1）门滚轮及其相对运动部件在门扇运动时应无卡阻现象。

（2）乘客电梯层门门扇之间、门扇与门柱、门扇与门楣、门扇下端与地坎之间的间隙（图 4－48 中的 *c* 值）一般为 1～6 mm。

（3）门刀与地坎的间隙为 5～10 mm。

（4）门扇挂架的偏心挡轮与导轨下端面间隙（图 4－49 中的 *c* 值）应不大于 0.5 mm。

（5）对水平滑动的门，在其开启方向用 150 N 的人力在一使缝隙最易增大的作用点上，其缝隙可以超过 6 mm，但不得大于 30 mm。

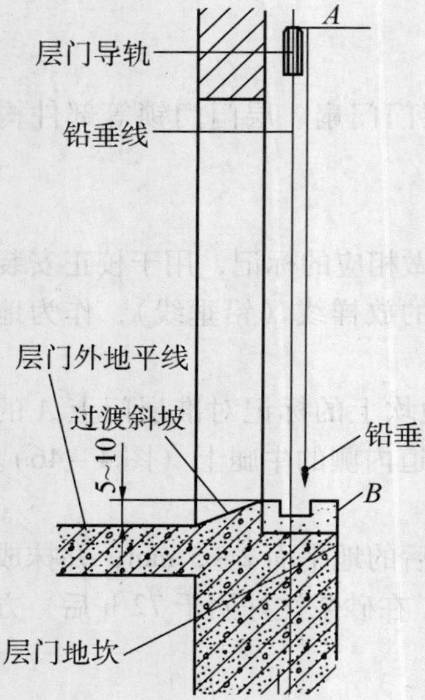

图 4－46　层门地坎和导轨

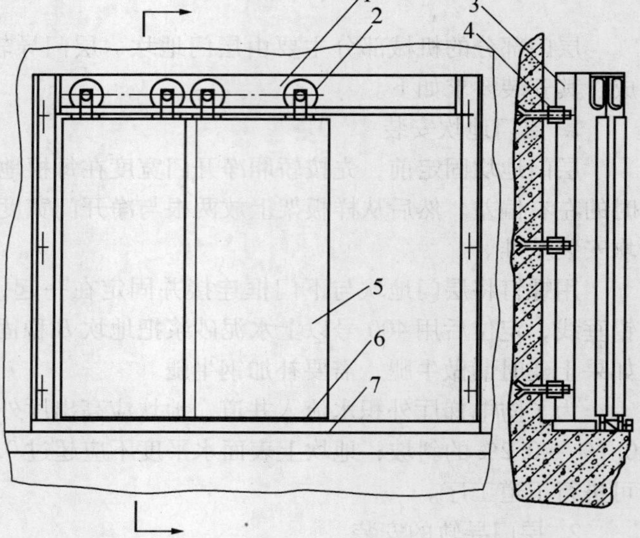

1. 门导轨；2. 门滑轮；3. 立柱；4. 固定螺栓；5. 层门；6. 门靴；7. 地坎

图 4－47　立柱与导轨的安装

4. 层门锁安装

根据门锁的类型及其原理来安装。DK－RS 电梯厅门门锁结构如图 4－50 所示。门锁安装的要求如下：

（1）层门锁钩、锁臂及动触点应动作灵活，在电气装置动作之前，锁紧元件的最小啮合长度为 7 mm。

（2）门锁滚轮与轿厢地坎的间隙应为 5～10 mm。

（3）门刀与门锁滚轮之间应有适当的间隙；轿厢运行过程中，门刀不能擦碰滚轮。

（4）开锁三角口安装好后，应用钥匙试开，并检查层门外开锁的有效性和可靠性。

门锁安装完后，就可以进行从动门电气装置和强迫关门装置的安装。强迫关门装置一般分为重锤式和弹簧式两种。其中，重锤式具有不论层门开启大小，强迫关门力保持一致的优点，因而较为常用。

强迫关门装置的强迫关门力大小应适当。因为力太小会使门关闭不到位，门锁钩不能可靠啮合；力太大会造成层门关闭时撞击。另外，重锤式强迫关门装置的重锤应有套管，且下端应可靠封闭，以免钢丝绳断裂时，重锤滑出套管坠落。重锤在套管中应处于中间位置，以防卡阻影响强迫关门力。

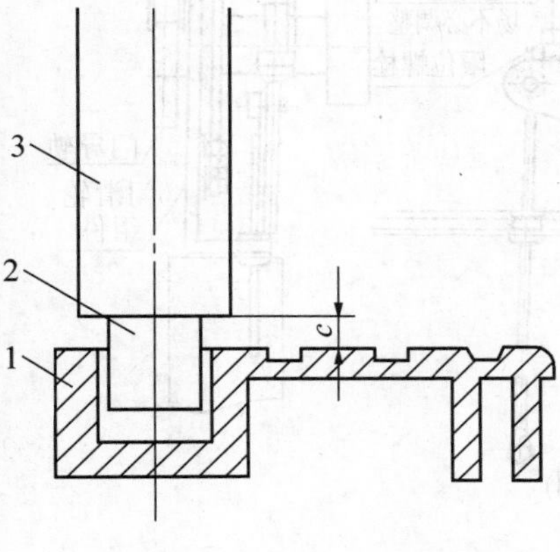

1. 地坎；2. 滑块；3. 门扇

图 4－48　层门与地坎间隙

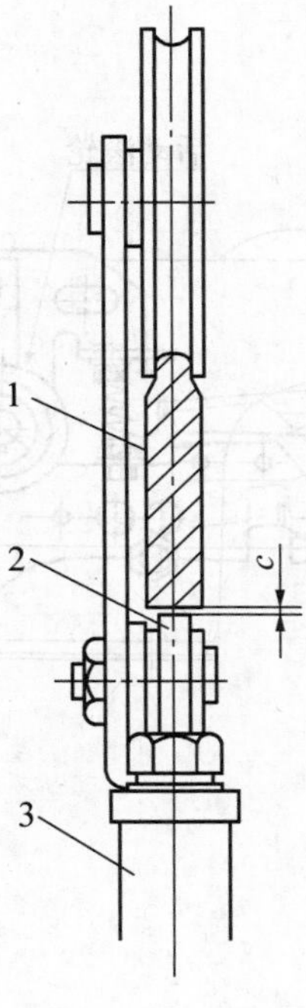

1. 门导轨；2. 偏心轮；3. 门扇

图 4－49　偏心轮与导轨间隙

七、轿门及开关门机构的安装

1. 轿门的安装

轿门门板的安装同层门安装要求一致。一般情况下，轿门上还装有机械安全触板装置或电子接近保护装置。在自动关门过程中，一旦触及人或其他物件时，门机会再次自动打开轿门。

2. 开关门机构的安装

常用的开关门机构分手动开关门机构和自动开关门机构两种。现在的货梯和客梯一般都采用自动开关门机构，手动开关门机构只用于杂物电梯。

现在的电梯多采用变频变压调速拖动驱动、PLC 或微机控制、同步齿型带传动。其

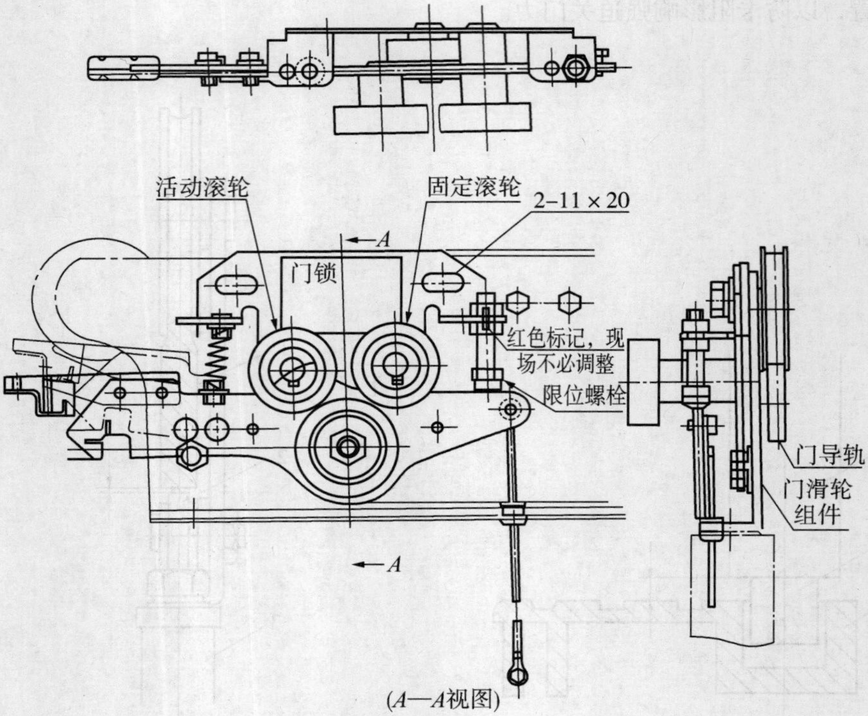

图4-50　DK-RS电梯厅门门锁结构

结构简单，运行效果好，安装和调试方便。这种门机的传动机构及控制箱在出厂时都已组合成一体，安装时只须将自动门机安装支架按规定位置固定好。门机支架固定于轿厢架立柱上，并装上调节支架水平用的拉杆。装好支架并调整水平，将门机固定于支架相应的位置上，并将联动机构与轿门连接好。电动机通过齿轮和同步带驱动轿厢门，轿门通过门刀带动层门，实现轿门和层门同步开和关。

安装后的开关门机构要求：①机架的水平度应不大于3/1000；②开门限位开关和关门限位开关应工作可靠；③开关门速度适中，动作灵活可靠，运行平稳，没有异常声响，接近两端点时应无明显撞击。

复习思考题

1. 曳引机的安装方法与承重梁的安装形式有什么关系？

2. 安装限速器应符合哪些要求?
3. 导轨经精校后应达到哪些要求?
4. 轿厢在井道的什么位置安装? 安装过程中要注意哪些安全事项?
5. 层门门锁的安装要求是什么?

第五章　电梯电气部分的安装

第一节　机房电气装置的安装

一、控制柜的安装

控制柜跟随曳引机，一般位于井道上端的机房内。确定控制柜位置时，应便于操作和维修，便于进出电线管、槽的敷设。为了便于操作和维修，控制柜周围应有比较大的空地。

控制柜由钣金框架结构、螺栓拼装组成，常用的两种控制柜的外形如图 5－1 所示。控制柜由制造厂组装调试后送至安装工地，在现场先作整体定位安装，然后按图纸规定的位置施工布线。如无规定，应按机房面积及型式作合理安排，且必须符合维修方便、巡视安全的原则。

控制柜的安装位置应符合以下几个条件：①应与门、窗保持足够的距离，门、窗与控制柜正面距离不小于 1000 mm；②控制柜的维修侧与墙的距离不小于 600 mm；③控制柜与机房内机械设备的安装距离不小于 500 mm；④控制柜安装后的垂直度应不大于 3/1000，应有与机房地面固定的措施。

二、机房布线

（1）电缆线可通过暗线槽，从各个方向把线引入控制柜；也可以通过明线槽，从控制柜后面或前面的引线口把线引入控制柜（图 5－2）。

（2）电梯动力与控制电路应分离敷设，从进机房电源起中性线（零线）和接地线应始终分开。除 36 V 以下安全电压，其他的电气设备金属罩壳均应设有易于识别的接地端，且应有良好的接地线。接地线应各自直接接至地线柱上，不得互相串接后再接地。接地线的颜色为黄绿双色绝缘电线。

（3）线管、线槽的敷设应平直、整齐、牢固。线管内导线总面积不大于管内净面积的 40%；线槽内导线总面积不大于槽净面积的 60%；软管固定间距不大于 1 m，端头固定间距不大于0.1 m。

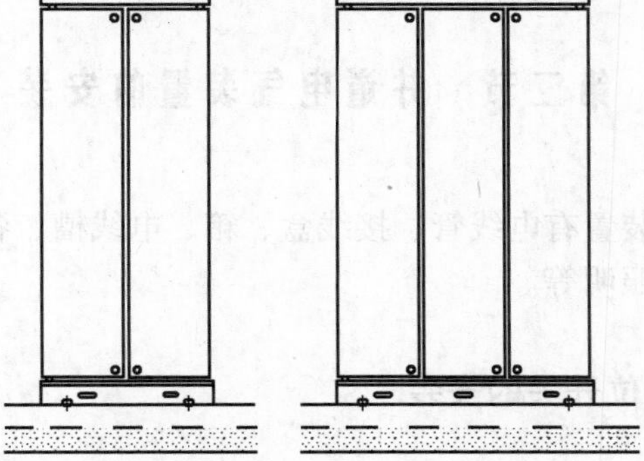

图5－1 控制柜

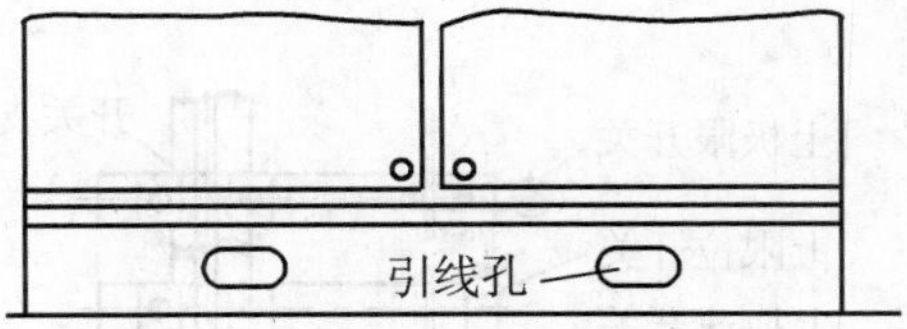

图5－2 电缆线的引入孔位置

三、电源开关

对供电的一般要求：采用三相五线制（或三相四线制），三相交流380 V、50 Hz，电压波动应在±7%的范围内。

电梯的供电电源应由专用开关单独控制供电。每台电梯分设动力开关和单相照明电源开关。控制轿厢电路的电源开关和控制机房、井道和底坑电路的电源开关应分别设置，各自具有独立保护。

电梯厂供给的主开关（动力开关）应安装于机房进门即能随手操作的位置，但要注意避免雨水和长时间日照。开关以手柄中心高度为准，一般为1.3～1.5 m。安装时要求牢固，横平竖直。如机房内有数台电梯时，主开关应设有便于识别的标记。主开关电源进入机房后，由用户单位的安装技工将动力线分配至每台电梯的动力开关上。

单相照明电源开关与主开关应分开控制。整个机房内可设置一个总的单相照明电源开关，同时每台电梯应设置一个分路控制开关，以便于线路维修，一般安装于动力开关旁。单相照明电源开关的安装要求与主开关一样：牢固，横平竖直。

第二节　井道电气装置的安装

井道内的主要电气装置有电线管、接线盒、箱、电线槽、各种限位开关、底坑电梯停止开关、井道内固定照明等。

一、换速开关、限位开关的安装

根据电梯的运行速度可设一只或多只换速开关（又称减速开关）。换速和限位开关安装时，应先将开关安装在支架上，然后将支架用压导板固定于轿厢导轨的相应位置上。额定速度为 1 m/s 电梯的换速、限位、极限开关的安装如图 5－3 所示。

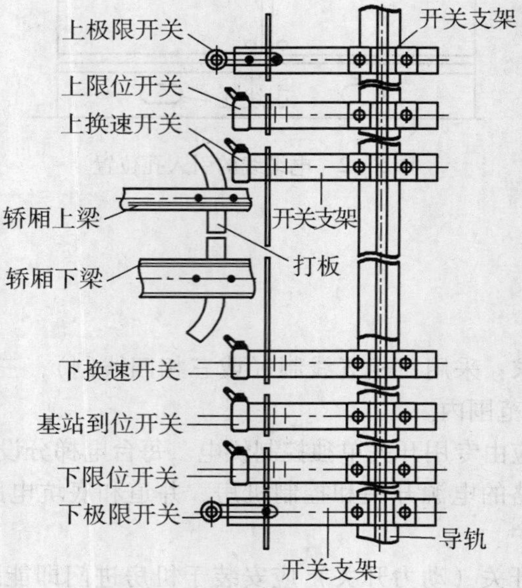

图5－3　换速开关、限位开关和极限开关的安装

二、极限开关及联动机构的安装

用机械方法直接切断电机回路电源的极限开关（现已基本不采用）常见的有附墙式（与主开关联动）和着地式（直接安装于机房地坪上），如图 5－4 所示。

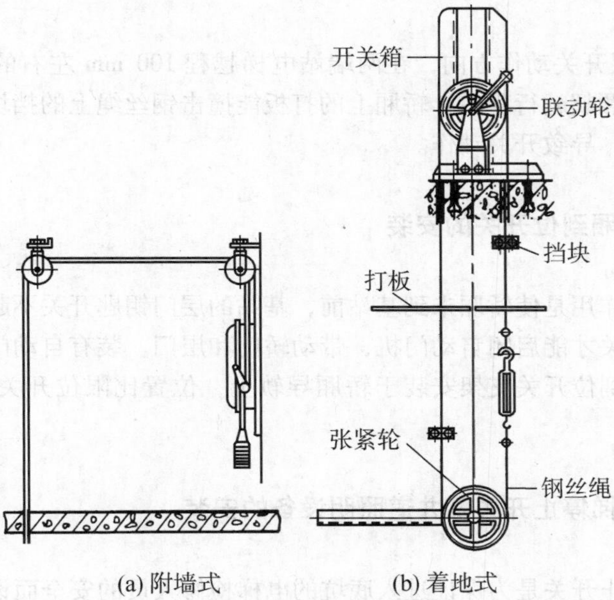

(a) 附墙式　(b) 着地式

图 5－4　极限开关的安装形式

（1） 安装附墙式极限开关应满足以下要求：

1） 按主开关的要求，将极限开关装于机房进门口附近。

2） 把装有碰轮的支架安装于限位开关支架以上或以下 150 mm 处的轿厢导轨上。极限开关碰轮有上、下之分，不能装错。

3） 在机房内的相应位置安装好导向轮。导向轮不得超过两个，其对应轮槽应成一直线，且转动灵活。

4） 穿钢丝绳时，先固定下极限位置，将钢丝绳收紧后再固定在上极限支架上。注意下极限支架处应留适当长度的绳头，便于试车时调节极限开关动作高度。所调动作高度应保证轿厢或对重接触缓冲器之前极限开关起作用。

5） 将钢丝绳在极限开关联动链轮上绕 2～3 圈，不能叠绕，吊上重锤，锤底离机房地坪约为 500 mm。

（2）安装着地式极限开关应满足以下要求：

1）在轿厢侧的井道底坑和机房地坪相同位置处，安装好极限开关的张紧轮及联动轮、开关箱，两轮槽的位置偏差均不大于5 mm。

2）在轿厢相应位置上固定两块打板，打板上钢丝绳孔与两轮槽的位置偏差不大于5 mm。

3）穿钢丝绳，并用开式索具螺旋扣和花篮螺栓收紧，直至顺向拉动钢丝绳能使极限开关动作。

4）根据极限开关动作方向，在两端站电梯越程100 mm左右的打板位置处，分别设置挡块，使轿厢超越行程后，轿厢上的打板能撞击钢丝绳上的挡块，使钢丝绳产生运动打脱极限开关，导致开关动作。

三、基站轿厢到位开关的安装

到位开关的作用是使轿厢未到基站前，基站的层门钥匙开关不起任何作用，只有轿厢到位后钥匙开关才能启闭自动门机，带动轿门和层门。装有自动门机的电梯需要设此开关。基站轿厢到位开关支架安装于轿厢导轨上，位置比限位开关略高一点即可（图5－3）。

四、底坑电梯停止开关及井道照明设备的安装

底坑电梯停止开关是为保证进入底坑的电梯检修人员的安全而设置的。该开关应设非自动复位装置且有红色标记。安装位置应是检修人员进入底坑后能方便摸到的地方。

封闭式井道内应设置亮度适当的永久性照明装置。井道中除距最高处与最低处0.5 m内各装一只灯外，中间灯距应不超过7 m，供检修电梯及应急时使用。

第三节　轿厢电气装置及层站电气装置的安装

一、轿厢电气装置的安装

（1）轿内操纵箱的安装：轿内操纵箱是控制电梯选层、关门、开门、起动、停层、急停等动作的控制装置。操纵箱安装工艺较简单，只要在轿厢相应位置装入箱体，将全部电线接好后盖上面板即可。盖好面板后应检查按钮是否灵活有效。

（2）轿顶操纵箱的安装：轿顶操纵箱上的电梯急停开关和电梯检修开关要安装在

轿顶防护栏杆的前方，且应处于打开厅门和在轿厢上梁后部任何一处都能操作的位置。

（3）信号箱、轿内层楼指示器的安装：信号箱是用来显示各层站呼梯情况的，常与操纵箱共用一块面板，安装时可与操纵箱一起完成。轿内层楼指示器有的安装于轿门上方，有的与操纵箱共用面板，应按具体安装位置确定安装方法。

（4）减速、平层感应装置（井道传感器）的安装：井道传感器装置的结构形式是根据控制方式而定的，它由装于轿厢上的带托架的开关组件和装于井道内的反映井道位置的永久磁铁组件所组成。感应装置安装应牢固可靠，间隙、间距符合规定要求，感应器的支架应用水平仪校平。永磁感应器安装完后应将封闭磁板取下，否则磁应器不起作用。

（5）自动门机的安装：一般门电动机、传动机构及控制箱在出厂时已组合成一体，安装时只须将自动门机安装支架按图纸规定的位置固定好即可。自动门机安装后应动作灵活，运行平稳，门扇运行至端点时无撞击声。

（6）照明设备、风扇的安装：照明有多种形式，具体形式按轿内装饰要求决定，简单的只在轿厢顶上装两盏荧光灯。风扇也有多种形式，现代电梯大多采用轴流式风机，由轿顶四边进风，风力均匀柔和。安装时应按具体选用风扇的要求再确定安装方法。照明设备、风扇的安装应牢固、可靠。

（7）轿底电气装置的安装：轿底电气装置主要是轿底照明灯，应使灯的开关设于容易摸到的位置。另外，有超载装置的活动轿底内有几只微动开关，一般出厂时已安装好，在安装工地只需根据载重量调整其位置即可。轿底使用压力传感器的，应按原设计位置固定好，传感器的输出线应连接牢固。

二、层站电气装置的安装

层站电气装置主要有层门层楼指示器、按钮盒等。

层门层楼指示器的安装位置：离地高度为 2350 mm 左右，面板应位于门框中心（图 5－5）。安装后水平偏差不大于 3/1000。

按钮盒由铁盒、灯座、按钮和面板组成。它的安装位置为离地 1300～1500 mm（图 5－5）。墙面与按钮盒的间隙应在 1.0 mm 以内。按钮箱的安装可参照层门层楼指示器的安装方法。

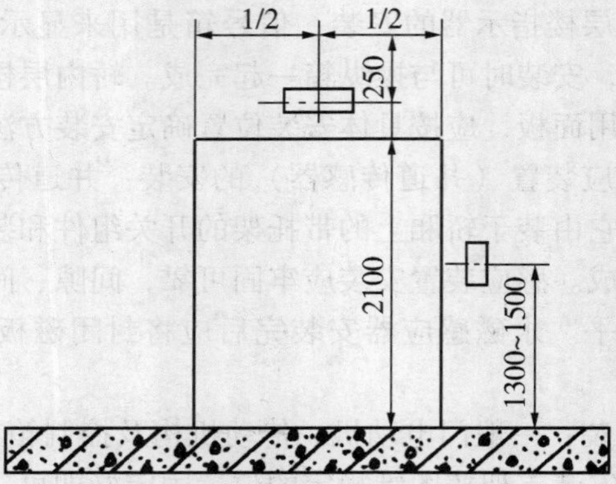

图 5－5　层楼指示器和按钮盒的安装位置

第四节　电梯供电和控制线路的安装

一、管路、线槽敷设

电梯供电和控制线路是通过电线管或电线槽及电缆线，输送到控制柜、曳引机、井道和轿厢的。电梯井道内严禁使用可燃性材料制成的电线管或电线槽。

电梯机房和井道内的电线管、电线槽、接线盒与可移动的轿厢、对重、钢丝绳、软电缆等的距离，在机房内不应小于 50 mm，在井道内不应小于 100 mm。

电线管设有暗管和明管两种。暗管排好后用混凝土埋没，排列可不考虑整齐，但不能重叠。当 90°弯头超过三只时应设接线盒，以便于穿电线。对于明管，应排列整齐美观，要求横平竖直。同时，应设固定支架，水平管支撑点间距为 1.5 m，竖直管支撑点间距为 2 m。

在敷设电线管前应检查电线管外表，要求无破裂凹瘪和锈蚀，内部应畅通，不符合要求的一律不准使用。

安装电线槽前应仔细检查，要求平整、无扭曲，内外均无锈蚀和毛刺。安装时要横平竖直，其水平和垂直的偏差均不大于 2/1000，全长最大偏差应不大于 20 mm，线槽与线槽的接口应平直，槽盖盖好后应平整无翘角。数槽并列安装时，槽盖应便于开启。

软管用来连接有一定移动量的活动接线，目前使用的有金属软管和塑料软管两种。安装的软管应无机械损伤和松散现象。安装时应尽量平直，弯曲半径应大于软管外径的

4 倍。固定点应均匀，间距不大于 1000 mm。其自由端头长度不大于 100 mm。在与箱、盒、设备连接处宜采用专用接头。安装在轿厢上的软管应防止振动。

电梯中使用的接线盒可分为总盒，中间接线盒，轿顶、轿底接线盒和层楼分线盒等。各接线盒安装后应平整、牢固和不变形。

二、导线选用和敷设

电梯电气装置中的配线，应使用额定电压不低于 500 V 的铜芯导线。除电缆外，导线不得直接敷设在建筑物和轿厢上，应使用电线管和电线槽保护。

电梯的动力和控制线宜分别敷设，用于控制的电子线路应按产品要求单独敷设，注意采用抗干扰措施。各种不同用途的线路应尽量采用不同颜色的导线。出入电线管或电线槽的导线应使用专用护口；如无专用护口时，应加有保护措施。导线的两端应有明确的接线编号或标记（图 5 -6）。安装人员应将此编号或标记记录在册，以备查用。

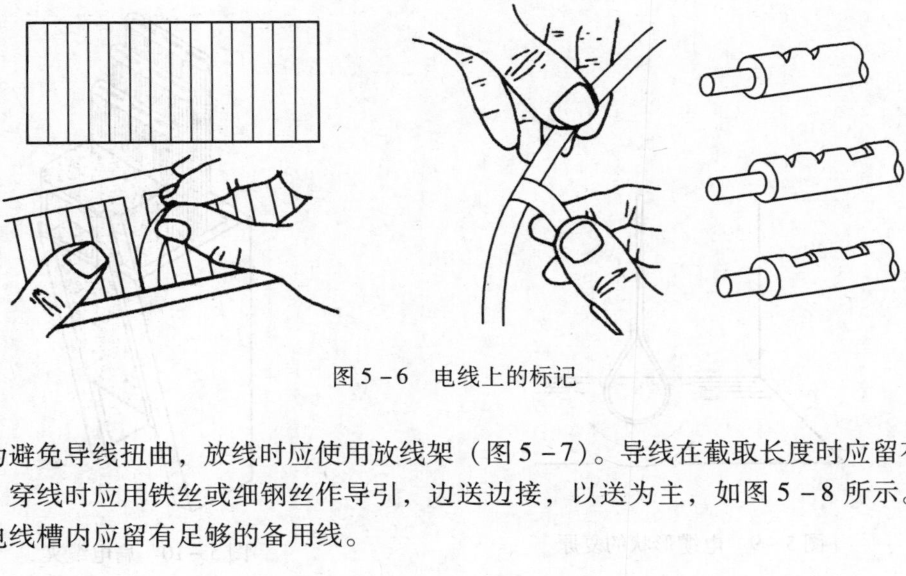

图 5 -6　电线上的标记

为避免导线扭曲，放线时应使用放线架（图 5 -7）。导线在截取长度时应留有适当余量。穿线时应用铁丝或细钢丝作导引，边送边接，以送为主，如图 5 -8 所示。电线管和电线槽内应留有足够的备用线。

三、悬挂电缆的安装

悬挂电缆分为圆形电缆和扁形电缆，现多采用扁形电缆。在安装电缆的时候，切勿从卷盘的侧边或从电缆卷中将电缆拉出，必须让其自由滚动展开。

为了使圆电缆展直并在其全长上均可呈现其正常位置，圆电缆被安装在轿厢侧旁以

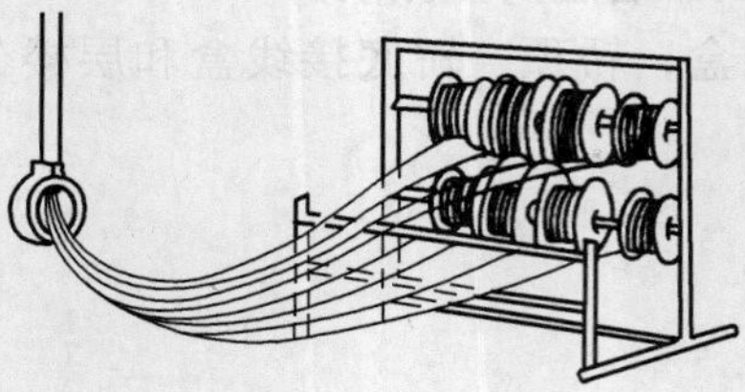

图 5－7　放线架

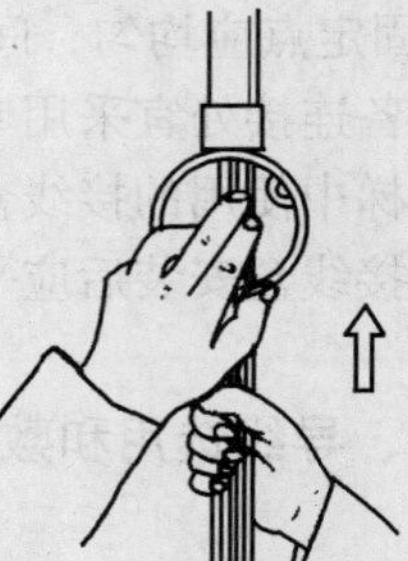

图 5－8　穿电线

前必须悬吊数个小时，如图 5－9 所示。为此目的，与井道底坑地面接触的电缆下端必须形成一个环状而被提高离开底坑地面。扁形电缆的固定可采用专用扁电缆夹。这种电缆夹是一种楔形夹，如图 5－10 所示。

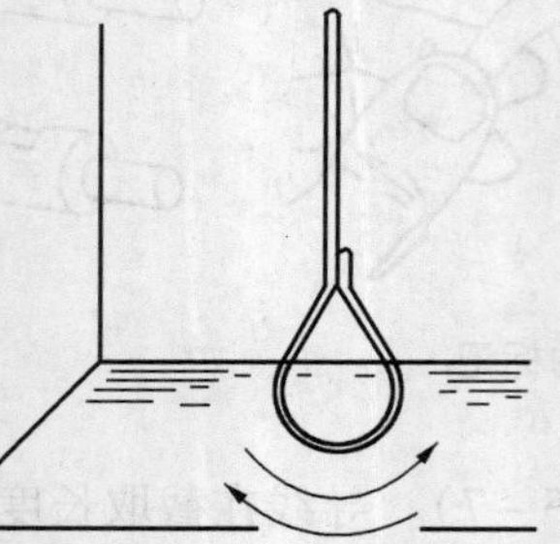

图 5－9　电缆形状的复原

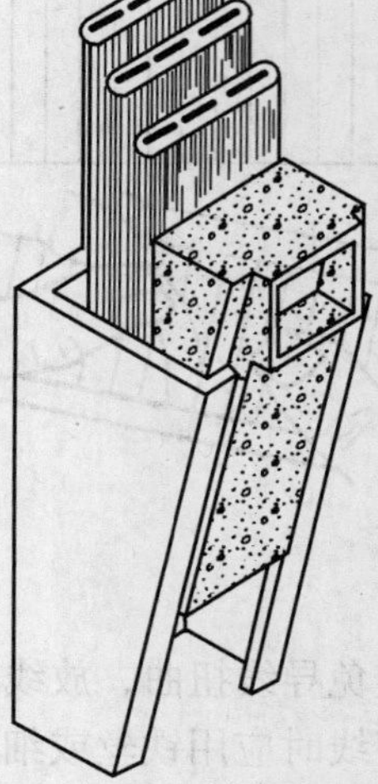

图 5－10　扁电缆夹

电缆的安装要求如下：

（1）安装后的电缆不应有打结和波浪扭曲现象。轿厢外侧的悬垂电缆在其整个长度内均平行于井道侧壁。

（2）从悬挂点至控制器框架的轿厢终端盒，电缆被铺设在线槽内或者用夹子予以固定。

（3）当轿厢提升高度≤50 m 时，在（$HQ/2$）+1 m（HQ 为整个井道的高度）处固定电缆夹，电缆的悬挂配置如图 5－11（a）所示；当轿厢提升高度为 50～150 m 时，电缆的悬挂配置如图 5－11（b）所示。

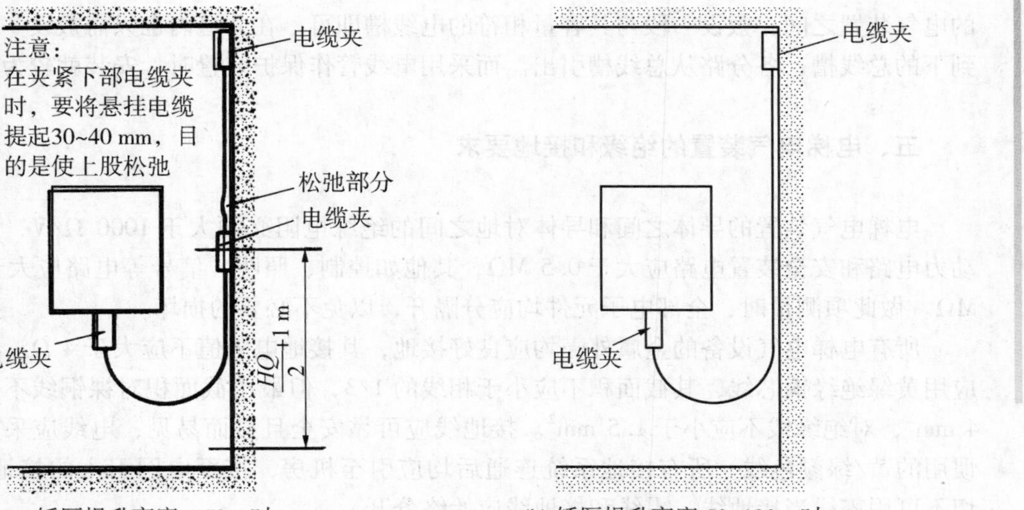

图 5－11　电缆悬挂方式

（4）当有数条电缆时，要保持活动的间距，并沿高度错开 30 mm，如图 5－12 所示。

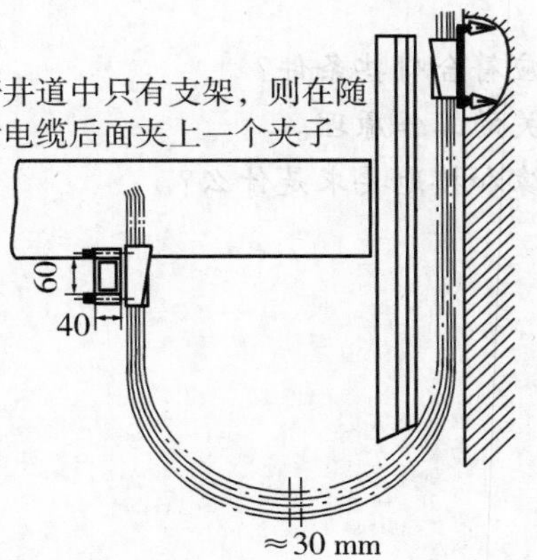

图 5－12　电缆之间的活动间隙

四、管线及线路的安装

电梯安装时如采用电线槽作导线的保护装置时，安装较为方便，只需在有相互联系的电气装置之间，敷设一段与其容量相符的电线槽即可。在井道内也只需敷设一根从上到下的总线槽，各分路从总线槽引出。而采用电线管作保护装置时，安装就较为复杂。

五、电梯电气装置的绝缘和接地要求

电梯电气装置的导体之间和导体对地之间的绝缘电阻必须大于1000 Ω/V，而对于动力电路和安全装置电路应大于0.5 MΩ，其他如控制、照明、信号等电路应大于0.25 MΩ。做此项测量时，全部电子元件均应分隔开，以免不必要的损坏。

所有电梯电气设备的金属外壳均应良好接地，其接地电阻值不应大于4 Ω。接地线应用黄绿绝缘铜芯线，其截面积不应小于相线的1/3，但最小截面积对裸铜线不应小于4 mm^2，对绝缘线不应小于1.5 mm^2。接地线应可靠安全且显而易见，电线应采用国际惯用的黄/绿颜色线。所有接地系统连通后均应引至机房，接至电网引入的接地线上，切不可用零线当接地线。零线和接地线应始终分开。

轿厢应有良好接地，如采用电缆芯线作接地线时，不得少于两根，且截面积应大于1.5 mm^2。电线管之间弯头、束结（外接头）和分线盒之间均应跨接接地线，并应在未穿入电线前用 Φ5 mm 的钢筋作接地跨接线，用电焊焊牢。

复习思考题

1. 控制柜的安装位置应符合哪些条件？
2. 简述换速、限位开关的工作原理。
3. 电梯电气装置的绝缘和接地要求是什么？

第六章 电梯调试试运行、试验与验收交付使用

第一节 调试试运行

电梯调试是安装过程的一个重要环节，调试工作分为机械调整和电气调整两大部分。电梯调试是对电梯产品和安装质量的全面检查，通过调试可以修正和弥补产品设计和安装过程中存在的某些缺陷，使电梯系统能安全、可靠地工作，达到国家有关标准规定和产品设计的要求。

电梯调试中常用仪表有万用表、绝缘电阻表、示波器、转速表等。数字万用表精度为0.5级以上，输入阻抗 >2 kΩ/V。数字绝缘电阻表的测量输入阻抗应大于500 kΩ，严禁在电子控制板插入机器中时使用摇表，防止高压击毁微机控制板。数字光电非接触式转速表量程一般为0～50000 r/min。

一、调试试运行前的准备工作

电梯的全部机、电零部件经安装调整和预试验后，拆去井道内的脚手架，给电梯的电气控制系统送上电源，控制电梯上、下作试运行。试运行是全面检查电梯制造和安装质量好坏的一项工作。为确保试运行工作的顺利进行，防止电梯在试运行中出现事故，在试运行前需认真做好以下准备工作：

（1）清扫机房、井道、各层站周围的垃圾和杂物，保持环境卫生。

（2）对安装好的机、电零部件进行彻底检查和清理，使所有的电气和机械装置保持清洁。清洗曳引轮和曳引绳的油污。

（3）牵动轿顶上安全钳的绳头拉手，检查安全钳的动作是否灵活可靠，导轨的正工作面与安全钳底面、导轨两侧的工作面与两楔块间的间隙是否符合要求。

（4）检查限速器运转是否平稳，确保限速器安装位置正确、底座牢固，限速器绳与安全钳联动的拉手的连接牢固可靠，张紧装置张力足够。

（5）检查导向轮、轿顶轮、对重轮、限速器和张紧装置等一切具有转动摩擦部位

的润滑情况，确保处于良好的润滑工作状态。检查下列润滑处是否清洁，并添足润滑剂：

1）置于室内的曳引机环境温度保持在 -5 ~ 40 ℃之间。根据电梯说明书要求，减速箱要按季节添足润滑剂。

2）擦洗导轨上的油污。对于滑动导靴，如果导靴上未设自动润滑装置，导轨为人工润滑时，应在导轨上涂适量的钙基润滑脂（GB/T 491—2008）。对于弹性滑动导靴，如果导靴上设有自动润滑装置时，在润滑装置内应添足够的 HJ -40 机械油（GB 443—1989）。

3）采用油压缓冲器时，应按随机技术文件的规定添足油料，油位高度应符合油位指示牌标出的要求。

（6）通电前的检查与测试。

1）检查接点组的闭合和断开是否正常可靠，焊点是否牢靠，电器部件内外配接线的压紧螺钉有无松动，电器元件动作和复位时是否自如。

2）接地连通性测量，每台电梯的各部分接地设施应连成一体，并可靠接地，且连通电阻为零。

3）对电气控制系统进行绝缘电阻测试（必须在专业技术人员指导下进行测试，以免损毁电梯电器元件），各导体之间及导体与地之间的绝缘电阻，其值必须大于 1000 Ω/V，且动力电路和电气安全装置电路之间的绝缘电阻大于 0. 5 MΩ，其他电路（控制、照明、信号等）之间的绝缘电阻大于 0. 25 MΩ。

（7）通电检查与测试。

1）在挂曳引绳和拆除脚手架之前，检查电气控制系统中各电器部件的内外配接线是否正确无误、动作程序是否正常。

2）从曳引轮上摘下曳引绳后，开始对电气控制系统进行全面检查。检查时应有两名熟识电气控制系统的技工参加，其中一名位于轿厢内，另一名位于机房内。轿厢内的技工应按机房内技工发出的命令，模拟司机或乘用人员的操作程序逐一进行操作；机房内的技工应根据轿厢内技工的每一项操作，检查和观察控制柜内各电器元件的动作程序，分析是否符合电气控制说明书或电路原理图的要求，曳引电动机的运转情况是否良好，运转方向是否正确。

3）测试各电气安全保护开关功能是否正确无误。

二、试运行和调整

进行电梯的试运行工作应有三名技工参加。其中机房、轿内、轿顶各有一人，由具有丰富经验的安装人员在轿厢顶指挥和协调整个试运行工作。

首先挂好曳引钢丝绳，将吊起的轿厢放下，用盘车手轮使轿厢向下移动，撤除对重下的支撑木，拆除剩余脚手架，清理干净井道、底坑后，再盘车上下行。以一人在轿顶指挥，并观察所有部位的情况，特别是相对运行位置、间隙，边慢行边调整，直到所有的电气与机械装置完全符合要求。

当一切准备妥当后，可以进行慢速运行试验，用检修速度一层一层下行，以确认轿厢上各部件与井壁、轿厢与对重之间的间距（最小距离为 50 mm），限速器钢丝绳应张紧，在运行中不得与轿厢或对重相碰触。检查导轨的清洁与润滑情况、导轨连接处与接口的情况，逐层矫正层门、轿门地坎间隙，检查轿门上开门机传动、限位装置；使门刀能够灵活地带动层门开、合，层门锁钩动作灵活，在证实锁紧的电气安全装置动作之前，锁紧元件的最小啮合长度应不小于 7 mm。检查并调整层楼感应器、平层感应器与隔磁板的间隙。通过轿内操纵箱上的指令按钮或轿顶检修箱上的慢上或慢下按钮，分别控制电梯上、下往复运行，检查与测试各急停开关、极限开关、限位开关、强迫减速开关和换速平层传感装置功能正确无误，动作灵活可靠。最后使轿厢位于最上层、最下层，观察轿厢上方空程、底坑随行电缆情况，在底坑检查安全钳、导靴与导轨间隙，补偿绳与电缆不得与设备相碰撞，检查轿底与缓冲器顶面间距应符合要求，在轿顶应调整曳引绳张力。

经反复调试后，使曳引绳张力符合要求；使开关门速度符合要求；使抱闸间隙与弹簧压力合适；使限速器与安全钳动作一致、安全有效；使平层位置合适，开锁区不超过地坎 200 mm。

快速试运行前，先慢速将轿厢停于中间层，轿厢内不载人，在机房控制柜内给一个指令，使轿厢先单层、后多层，上下往复数次。确实无异常后，试车人员再进入轿厢，进行实际操作。

作快速试运行时，先使电梯由慢速检修运行状态转换为额定快速运行状态。接着对电梯的信号、控制、驱动系统进行测试、调整，使其全部正常工作。对电梯的启动、加速、换速、制动、平层，以及强迫换速开关、限位开关、极限开关等位置进行精确调整，其动作应安全、准确、可靠。内、外呼梯按钮均正常工作。对于有/无司机控制的电梯，有司机和无司机两种工作状态都需分别进行试运行。在机房应对曳引装置、电动机、抱闸等进行进一步检查。

观察各层指示情况，反复调整电梯关门、启动、加速、换速平层停靠、开门等过程中的可靠性和舒适感，反复调整各层站的平层准确度，调整自动开关门时的速度，降低噪声水平。提高电梯在运行过程中的安全、可靠、舒适等综合技术指标。

第二节 试 验

一、相系保护试验

将总供电电源断去一相，电梯应不能工作。将总供电电源断去二相，电梯应不能工作。

二、闸车试验

将电梯轿厢停在上端站以下两层的位置，将电梯置于检修状态。一名试验人员在轿顶操作轿厢以检修速度下行，另一名试验人员在机房使限速器动作。此时，限速器动作开关断开，电梯急停继电器释放，电梯停止运行。将限速器动作开关短接，急停继电器吸合，电梯继续检修下行，限速器钳口将限速器绳钳住，限速绳拉动安全钳拉杆，使安全钳动作开关断开，急停继电器再次释放，电梯停止运行。将安全钳动作开关短接，电梯继续检修下行，轿厢被安全钳闸住，轿厢地板的倾斜度不得超过水平位置的5%。

电梯上行，应自动将安全钳提起。恢复各动作开关，再使电梯上下运行几次，闸车试验结束。

三、缓冲器试验

分别对对重缓冲器和轿厢缓冲器进行静压 5 min，然后放松缓冲器，使其自动恢复正常位置。液压缓冲器复位时间应少于 120 s。

四、厅门锁和轿门电气联锁装置试验

当厅门或轿门没有关闭时，操作电梯检修运行按钮，电梯应不能启动。当轿厢运行时，将厅门或轿门打开，电梯应立即停止运行。

五、超载试验

断开超载控制回路，电梯在 110% 额定负载、通电持续率 40% 的情况下运行 30 min，电梯应能可靠地启动、运行和停止，制动可靠，曳引机工作正常。

六、静载试验

将轿厢停在最底层平层位置，陆续平稳地加入负载，达到额定负载150%（货梯200%），经10 min后各承重机件应无损坏，曳引绳应无打滑现象，制动可靠。

七、运行试验

轿厢分别以空载、50%额定负载和满载并在通电持续率40%的情况下，往复上下运行各90 min，运行应平稳，制动应可靠，曳引机、电动机轴承温升<60 ℃。

八、消防开关试验

将消防开关置于消防状态，电梯在运行中应就近平层，但不开门。电梯直接返回基站，自动开门后不自动关门。试验人员进入轿厢后，按目的楼层按钮，电梯关门到达目的层后，自动开门，但不自动关门。

第三节　电梯的验收与交付使用

在完成电梯的全部安装工作，并经安装人员自行检查合格，再报请单位专职检验员复检合格和试运行考核一切正常后，即可约请政府特种设备安全监督管理部门核准的电梯检验机构进行正式的检查检验，经检查检验合格并发给允运证后，即可认为电梯安装工作已全部完成。

电梯经检查检验合格取得允运证后，安装单位可与电梯业主方协商办理交接事宜。双方代表应在交接验收证书上签字认证。

电梯安装验收的依据有：①GB 7588—2003《电梯制造与安装安全规范》中的“附录D交付使用前的检验及试验”；②GB/T 10060—93《电梯安装验收规范》；③GB 50310—2002《电梯工程施工质量验收规范》。

一、填写质量验收记录表

根据GB 50310—2002《电梯工程施工质量验收规范》填写分项工程质量验收记录表、子分部工程质量验收记录表、分部工程质量验收记录表（表6－1至表6－3）。

表6－1　分项工程质量验收记录表

工程名称				
安装地点				
产品合同号/安装合同号			梯号	
安装单位			项目负责人	
监理（建设）单位			监理工程师/项目负责人	
执行标准名称及编号				
检验项目		检验结果		
		合格	不合格	
主控项目				
一般项目				
验收结论				

续表6－1

参加验收单位	安装单位	监理（建设）单位
	项目负责人：	监理工程师： （项目负责人）
	年　月　日	年　月　日

表6－2　子分部工程质量验收记录表

工程名称				
安装地点				
产品合同号/安装合同号		梯号		
安装单位		项目负责人		
监理（建设）单位		监理工程师/项目负责人		
序号	分项工程名称	检验结果		
		合格		不合格

续表 6－2

验收结论			
参加验收单位	安装单位	监理（建设）单位	
	项目负责人： 年　月　日	监理工程师： （项目负责人） 年　月　日	

表 6－3　分部工程质量验收记录表

工程名称				
安装地点				
监理（建设）单位			监理工程师/项目负责人	
子分部工程名称			检验结果	
			合格	不合格
合同号	梯号	安装单位		

续表 6－3

验收结论					
监理（建设）单位					
总监理工程师： （项目负责人） 年 月 日					

分项工程质量验收记录表中的主控项目和一般项目（引自 GB 50310—2002《电梯工程施工质量验收规范》）详述如下。

1. 驱动主机

主控项目：紧急操作装置动作必须正常。可拆卸的装置必须置于驱动主机附近易接近处，紧急救援操作说明必须贴于紧急操作时易见处。

一般项目：

（1）当驱动主机承重梁需埋入承重墙时，埋入端长度应超过墙厚中心至少 20 mm，且支承长度不应小于75 mm。

（2）制动器动作应灵活，制动间隙调整应符合产品设计要求。

（3）驱动主机、驱动主机底座与承重梁的安装应符合产品设计要求。

（4）驱动主机减速箱（如果有）内油量应在油标所限定的范围内。

（5）机房内钢丝绳与楼板孔洞边间隙应为 20～40 mm，通向井道的孔洞四周应设置高度不小于 50 mm 的台缘。

2. 导轨

主控项目：导轨安装位置必须符合土建布置图要求。

一般项目：

（1）两列导轨顶面间的距离偏差应为：轿厢导轨0～+2 mm；对重导轨0～+3 mm。

（2）导轨支架在井道壁上的安装应固定可靠。预埋件应符合土建布置图要求。锚栓（如涨管螺栓等）固定应在井道壁的混凝土构件上使用，其连接强度与承受振动的能力应满足电梯产品设计要求，混凝土构件的压缩强度应符合土建布置图要求。

（3）每列导轨工作面（包括侧面与顶面）与安装基准线每5 m的偏差均不应大于下列数值：轿厢导轨和设有安全钳的对重（平衡重）导轨为0.6 mm，不设安全钳的对重（平衡重）导轨为1.0 mm。

（4）轿厢导轨和设有安全钳的对重（平衡重）导轨工作面接头处不应有连续缝隙，导轨接头处台阶不应大于0.05 mm。如超过应修平，修平长度应大于150 mm。

（5）不设安全钳的对重（平衡重）导轨接头处缝隙不应大于1.0 mm，导轨工作面接头处台阶不应大于0.15 mm。

3. 门系统

主控项目：

（1）层门地坎至轿厢地坎之间的水平距离偏差为0～+3 mm，且最大距离严禁超过35 mm。

（2）层门强迫关门装置必须动作正常。

（3）动力操纵的水平滑动门在关门开始的1/3行程之后，阻止关门的力严禁超过150 N。

（4）层门锁钩必须动作灵活，在证实锁紧的电气安全装置动作之前，锁紧元件的最小啮合长度为7 mm。

一般项目：

（1）门刀与层门地坎、门锁滚轮与轿厢地坎间隙不应小于5 mm。

（2）层门地坎水平度不得大于2/1000，地坎应高出装修地面2～5 mm。

（3）层门指示灯盒、召唤盒和消防开关盒应安装正确，其面板与墙面贴实，横竖端正。

（4）门扇与门扇、门扇与门套、门扇与门楣、门扇与门口处轿壁、门扇下端与地坎的间隙，乘客电梯不应大于6 mm，载货电梯不应大于8 mm。

4. 轿厢

主控项目：当距轿底面在1.1 m以下使用玻璃轿壁时，必须在距轿底面0.9～1.1 m的高度安装扶手，且扶手必须独立地固定，不得与玻璃有关。

一般项目：

（1）当桥厢有反绳轮时，反绳轮应设置防护装置和挡绳装置。

（2）当轿顶外侧边缘至井道壁水平方向的自由距离大于0.3 m时，轿顶应装设防护栏及警示性标识。

5. 对重（平衡重）

一般项目：

（1）当对重（平衡重）架有反绳轮，反绳轮应设置防护装置和挡绳装置。

（2）对重（平衡重）块应可靠固定。

6. 安全部件

主控项目：

（1）限速器动作速度整定封记必须完好，且无拆动痕迹。

（2）当安全钳可调节时，整定封记应完好，且无拆动痕迹。

一般项目：

（1）限速器张紧装置与其限位开关相对位置安装应正确。

（2）安全钳与导轨的间隙应符合产品设计要求。

（3）轿厢在两端站平层位置时，轿厢、对重的缓冲器撞板与缓冲器顶面间的距离应符合土建布置图要求。轿厢、对重的缓冲器撞板中心与缓冲器中心的偏差不应大于20 mm。

（4）液压缓冲器柱塞铅垂度不应大于0.5%，充液量应正确。

7. 悬挂装置、随行电缆、补偿装置

主控项目：

（1）绳头组合必须安全可靠，且每个绳头组合必须安装防螺母松动和脱落的装置。

（2）钢丝绳严禁有死弯。

（3）当轿厢悬挂在两根钢丝绳或链条上，且其中一根钢丝绳或链条发生异常相对伸长时，为此装设的电气安全开关应动作可靠。

（4）随行电缆严禁有打结和波浪扭曲现象。

一般项目：

（1）每根钢丝绳张力与平均值偏差不应大于5%。

（2）随行电缆的安装应符合下列规定：① 随行电缆端部应固定可靠。② 随行电缆在运行中应避免与井道内其他部件干涉。当轿厢完全压在缓冲器上时，随行电缆不得与底坑地面接触。

（3）补偿绳、链、缆等补偿装置的端部应固定可靠。

（4）对补偿绳的张紧轮，验证补偿绳张紧的电气安全开关应动作可靠。张紧轮应安装防护装置。

8. 电气装置

主控项目：

（1）电气设备接地必须符合下列规定：① 所有电气设备及导管、线槽的外露可导电部分均必须可靠接地（PE）；②接地支线应分别直接接至接地干线接线柱上，不得互相连接后再接地。

（2）导体之间和导体对地之间的绝缘电阻必须大于1000 Ω/ V，且其值不得小于：① 动力电路和电气安全装置电路：0.5 MΩ；②其他电路（控制、照明、信号等）：0.25 MΩ。

一般项目：

（1）主电源开关不应切断下列供电电路：①轿厢照明和通风；②机房和滑轮间照明；③ 机房、轿顶和底坑的电源插座；④井道照明；⑤ 报警装置。

（2）机房和井道内应按产品要求配线。软线和无护套电缆应在导管、线槽或能确保起到等效防护作用的装置中使用。护套电缆和橡套软电缆可明敷于井道或机房内使用，但不得明敷于地面。

（3）导管、线槽的敷设应整齐牢固。线槽内导线总面积不应大于线槽净面积60%；导管内导线总面积不应大于导管内净面积40%；软管固定间距不应大于1 m，端头固定间距不应大于0.1 m。

（4）接地支线应采用黄绿相间的绝缘导线。

（5）控制柜（屏）的安装位置应符合电梯土建布置图中的要求。

9. 整机安装验收

主控项目：

（1）安全保护验收必须符合下列规定：

1）必须检查以下安全装置或功能：

a）断相、错相保护装置或功能。当控制柜三相电源中任何一相断开或任何二相错接时，断相、错相保护装置或功能应使电梯不发生危险故障。

注：当错相不影响电梯正常运行时可没有错相保护装置或功能。

b）短路、过载保护装置。动力电路、控制电路、安全电路必须有与负载匹配的短路保护装置，动力电路必须有过载保护装置。

c）限速器。限速器上的轿厢（对重、平衡重）下行标志必须与轿厢（对重、平衡重）的实际下行方向相符。限速器铭牌上的额定速度、动作速度必须与被检电梯相符。

d）安全钳。安全钳必须与其型式试验证书相符。

e）缓冲器。缓冲器必须与其型式试验证书相符。

f）门锁装置。门锁装置必须与其型式试验证书相符。

g）上、下极限开关。上、下极限开关必须是安全触点，在端站位置进行动作试验时必须动作正常。在轿厢或对重（如果有）接触缓冲器之前必须动作，且缓冲器完全压缩时，保持动作状态。

h）轿顶、机房（如果有）、滑轮间（如果有）、底坑停止装置位于轿顶、机房（如果有）、滑轮间（如果有）、底坑的停止装置动作必须正常。

2）下列安全开关，必须动作可靠：

a）限速器绳张紧开关；

b）液压缓冲器复位开关；

c）有补偿张紧轮时，补偿绳张紧开关；

d）当额定速度大于3.5 m/s时，补偿绳轮防跳开关；

e）轿厢安全窗（如果有）开关；

f）安全门、底坑门、检修活板门（如果有）的开关；

g）对可拆卸式紧急操作装置所需要的安全开关；

h）悬挂钢丝绳（链条）为两根时，防松动安全开关。

（2）限速器安全钳联动试验必须符合下列规定：①限速器与安全钳电气开关在联动试验中必须动作可靠，且应使驱动主机立即制动。②对瞬时式安全钳，轿厢应载有均匀分布的额定载重量；对渐进式安全钳，轿厢应载有均匀分布的125%额定载重量。当短接限速器及安全钳电气开关，轿厢以检修速度下行，人为使限速器机械动作时，安全钳应可靠动作，轿厢必须可靠制动，且轿底倾斜度不应大于5%。

（3）层门与轿门的试验必须符合下列规定：①每层层门必须能够用三角钥匙正常开启；②当一个层门或轿门（在多扇门中任何一扇门）非正常打开时，电梯严禁启动或继续运行。

（4）曳引式电梯的曳引能力试验必须符合下列规定：①轿厢在行程上部范围空载上行及行程下部范围载有125%额定载重量下行，分别停层3次以上，轿厢必须可靠地制停（空载上行工况应平层）。轿厢载有125%额定载重量以正常运行速度下行时，切断电动机与制动器供电，电梯必须可靠制动。②当对重完全压在缓冲器上，且驱动主机按轿厢上行方向连续运转时，空载轿厢严禁向上提升。

一般项目：

（1）曳引式电梯的平衡系数应为0.4～0.5。

（2）电梯安装后应进行运行试验；轿厢分别在空载、额定载荷工况下，按产品设计规定的每小时启动次数和负载持续率各运行1000次（每天不少于8 h），电梯应运行平稳、制动可靠、连续运行无故障。

（3）噪声检验应符合下列规定：①机房噪声：对额定速度小于等于4 m/s的电梯，不应大于80 dB(A)；对额定速度大于4 m/s的电梯，不应大于85 dB(A)。②乘客电梯和病床电梯运行中轿内噪声：对额定速度小于等于4 m/s的电梯，不应大于55 dB(A)；对额定速度大于4 m/s的电梯，不应大于60 dB(A)。③乘客电梯和病床电梯的开关门过程噪声不应大于65 dB(A)。

（4）平层准确度检验应符合下列规定：①额定速度小于等于0.63 m/s的交流双速电梯，应在±15 mm的范围内；②额定速度大于0.63 m/s且小于等于1.0 m/s的交流双速电梯，应在±30 mm的范围内；③其他调速方式的电梯，应在±15 mm的范围内。

（5）运行速度检验应符合下列规定：当电源为额定频率和额定电压、轿厢载有50%额定载荷时，向下运行至行程中段（除去加速加减速段）时的速度，不应大于额定速度的105%，且不应小于额定速度的92%。

（6）观感检查应符合下列规定：①轿门带动层门开、关运行，门扇与门扇、门扇与门套、门扇与门楣、门扇与门口处轿壁、门扇下端与地坎应无刮碰现象；②门扇与门扇、门扇与门套、门扇与门楣、门扇与门口处轿壁、门扇下端与地坎之间各自的间隙在整个长度上应基本一致；③对机房（如果有）、导轨支架、底坑、轿顶、轿内、轿门、层门及门地坎等部位应进行清理。

二、交付使用前的检验及试验

电梯交付使用前，应进行检验及试验（即GB 7588—2003《电梯制造与安装安全规范》中的附录D）。其内容如下：

D1　检查

检查应包括下列内容：

a. 按提交的文件（附录C）与安装完毕的电梯进行对照。

b. 检查一切情况下均满足本标准的要求。

c. 根据制造标准，直观检验本标准无特殊要求的部件。

d. 对于要进行型式试验的部件，将其型式试验证书上的详细内容与电梯参数进行对照。

D2　试验和验证

试验应包括下列内容：

a. 门锁装置（7.7）。

b. 电气安全装置（见附录A）。

c. 悬挂元件及其附件，应校验它们的技术参数是否符合记录或档案的技术参数（见16.2a）。

d. 制动系统（见12.4）。

载有125%额定载荷的轿厢以额定速度下行，并在切断电机和制动器供电的情况下，进行试验。

e. 电流或功率的测量及速度的测量（见12.6）。

f. 电气连接。

1）不同电路绝缘电阻的测量（见13.1.3）。做此项测量时，全部电子部件的连接均应断开。

2）机房接地端与易于意外带电的不同电梯部件间的电气连通性的检查。

g. 极限开关（见10.5）。

h. 曳引检查（见9.3）。

1）在相应于电梯最严重制动情况下，停车数次，进行曳引检查，每次试验，轿厢应完全停止，试验应按以下方式进行：

——行程上部范围内，上行，轿厢空载；

——行程下部范围内，下行，轿厢载有125%额定载重量。

2）应检查：当对重压在缓冲器上时，空载轿厢不能向上提升。

3）应检查平衡系数是否如安装者所说，这种检查可通过电流测量并结合：

——速度测量，用于交流电动机；

——电压测量，用于直流电动机。

i. 限速器。

1）应沿着轿厢（见9.9.1、9.9.2）或对重（或平衡重）（见9.9.3）下行方向检查限速器的动作速度；

2）9.9.11.1和9.9.11.2所规定的停车控制操作检查，应沿两个方向进行。

j. 轿厢安全钳（见9.8）。

安全钳动作时所能吸收的能量已通过了型式试验（见F3）的验证，交付使用前试验的目的是检查正确的安装、正确的调整和检查整个组装件，包括轿厢、安全钳导轨及其建筑物的连接件的坚固性。

试验是在轿厢正在下行期间，轿厢装有均匀分布的规定的载重量，电梯驱动主机运转直至钢丝绳打滑或松弛，并在下列条件下进行：①瞬时式安全钳，轿厢装有额定载重量，而且安全钳的动作在检修速度下运行；②渐进式安全钳，轿厢装有125%额定重量，而且安全钳的动作可在额定速度或检修速度下进行。

对8.2.2所列特殊情况，轿厢面积超出表1规定的载货电梯，对瞬时式安全钳，应以轿厢实际载重量达到了轿厢面积按表1规定所对应的额定载重量进行安全钳的动作试验；对渐进式安全钳，取125%额定载重量与轿厢实际载重量达到了轿厢面积按表1规定所对应的额定载重量两者中的较大值，进行安全钳的动作试验。

对8.2.2所列非商用汽车电梯，则须用150%额定载重量代替125%额定载重量进行安全钳的上述试验。

如果渐进式安全钳的试验在检修速度进行，制造厂家应提供曲线图，说明该规格渐进式安全钳和附联的悬挂系统一起进行动态试验的型式试验性能。

试验以后，应用直观检查确认未出现对电梯正常使用不利影响的损坏。必要时，可更换摩擦元件。

注：为了便于试验结束后轿厢卸载及松开安全钳，试验宜尽量在对着层门的位置进行。

k. 对重（或平衡重）安全钳（见9.8）。

安全钳动作时所能吸收的能量已经过了型式试验（见 F3），交付使用前试验的目的是检查正确的安装、正确的调整和检查整个组装件，包括对重（或平衡重）、安全钳、导轨及其和建筑物连接件的坚固性。

试验是在对重（或平衡重）下行期间，电梯驱动主机运转直至钢丝绳打滑或松弛，并在下列条件下进行：①瞬时式安全钳，轿厢空载，安全钳的动作应由限速器或安全绳触发，并在检修速度下进行；②渐进式安全钳，轿厢空载，安全钳的动作可在额定速度或检修速度下进行。

如果试验在检修速度进行，制造厂家应提供曲线图，说明该规格渐进式安全钳在对重（或平衡重）作用下和附联的悬挂系统一起进行动态试验的型式试验性能。

试验以后，应用直观检查确认未出现对电梯正常使用不利影响的损坏，必要时可更换摩擦元件。

l. 缓冲器（见 10.3、10.4）。

1）蓄能型缓冲器，试验应以如下方式进行：载有额定载重量的轿厢压在缓冲器（或各缓冲器）上，悬挂绳松弛。同时，应检查压缩情况是否符合记录在 C3 技术文件上的特性曲线并用 C5 进行鉴别。

2）非线性缓冲器和耗能型缓冲器，试验应以如下方式进行：载有额定载重量的轿厢和对重以额定速度撞击缓冲器。在使用减行程缓冲器并验证了减速度的情况下（见 10.4.3.2），以减行程设计速度撞击缓冲器。

对 8.2.2 所列特殊情况，轿厢面积超出表 1 规定的载货电梯，上述试验的额定载重量应用轿厢实际载重量达到了轿厢面积按表 1 规定所对应的额定载重量替代。

试验以后，应用直观检查确认未出现对电梯正常使用不利影响的损坏。

m. 报警装置（见 14.2.3）。

功能试验。

n. 轿厢上行超速保护装置（见 9.10）。

试验应以如下方式进行：轿厢空载，以不低于额定速度上行，仅用轿厢上行超速保护装置制停轿厢。

三、电梯安装验收规范

电梯安装验收采用 GB 10060—93[①]《电梯安装验收规范》，兹将其主要部分照录如下。

---

① 该规范已有最新版本（即 GB/T 10060—2011）。因为现在还有大量在用电梯采用 93 版规范，2011 版规范虽有一定修改，但内容涉及不多，所以本书仍采用 93 版规范。

1 主题内容与适用范围

本标准规定了电梯安装的验收条件、检验项目、检验要求和验收规则。

本标准适用于额定速度不大于 2.5 m/s 的乘客电梯、载货电梯，不适用于液压电梯、杂物电梯。

2 引用标准

GB 7588 电梯制造与安装安全规范

GB 8903 电梯用钢丝绳

GB 10058 电梯技术条件

GB 10059 电梯试验方法

GB 12974 交流电梯电动机通用技术条件

3 安装验收条件

3.1 验收电梯的工作条件应符合 GB 10058 的规定。

3.2 提交验收的电梯应具备完整的资料和文件。

3.2.1 制造企业应提供的资料和文件：

a. 装箱单；

b. 产品出厂合格证；

c. 机房井道布置图；

d. 使用维护说明书（应含电梯润滑汇总图表和电梯功能表）；

e. 动力电路和安全电路的电气线路示意图及符号说明；

f. 电气敷线图；

g. 部件安装图；

h. 安装说明书；

i. 安全部件：门锁装置、限速器、安全钳及缓冲器型式试验报告结论副本，其中限速器与渐进式安全钳还须有调试证书副本。

3.2.2 安装企业应提供的资料和文件：

a. 安装自检记录；

b. 安装过程中事故记录与处理报告；

c. 由电梯使用单位提出的经制造企业同意的变更设计的证明文件。

3.3 安装完毕的电梯及其环境应清理干净。机房门窗应防风雨，并标有“机房重地，闲人免进”字样。通向机房的通道应畅通、安全、底坑应无杂物、积水与油污。机房、井道与底坑均不应有与电梯无关的其他设置。

3.4 电梯各机械活动部位应按说明书要求加注润滑油。各安全装置安装齐全、位置正确，功能有效，能可靠地保证电梯安全运行。

3.5 电梯验收人员必须熟悉所验收的电梯产品和本标准规定的检验方法和要求。

3.6　验收用检验器具与试验载荷应符合 GB 10059 规定的精度要求，并均在计量检定周期内。

4　检验项目及检验要求

4.1　机房

4.1.1　每台电梯应单设有一个切断该电梯的主电源开关，该开关位置应能从机房入口处方便迅速地接近，如几台电梯共用同一机房，各台电梯主电源开关应易于识别。其容量应能切断电梯正常使用情况下的最大电流，但该开关不应切断下列供电电路：

a. 轿厢照明和通风；

b. 机房和滑轮间照明；

c. 机房内电源插座；

d. 轿顶与底坑的电源插座；

e. 电梯井道照明；

f. 报警装置。

4.1.2　每台电梯应配备供电系统断相、错相保护装置，该装置在电梯运行中断相也应起保护作用。

4.1.3　电梯动力与控制线路应分离敷设，从进机房电源起零线和接地线应始终分开，接地线的颜色为黄绿双色绝缘电线，除 36 V 以下安全电压外的电气设备金属罩壳均应设有易于识别的接地端，且应有良好的接地。接地线应分别直接接至接地线柱上，不得互相串接后再接地。

4.1.4　线管、线槽的敷设应平直、整齐、牢固。线槽内导线总面积不大于槽净面积 60%；线管内导线总面积不大于管内净面积 40%；软管固定间距不大于 1 m，端头固定间距不大于 0.1 m。

4.1.5　控制柜、屏的安装位置应符合：

a. 控制柜、屏正面距门、窗不小于 600 mm；

b. 控制柜、屏的维修侧距墙不小于 600 mm；

c. 控制柜、屏距机械设备不小于 500 mm。

4.1.6　机房内钢丝绳与楼板孔洞每边间隙均应为 20 ~ 40 mm，通向井道的孔洞四周应筑一高 50 mm 以上的台阶。

4.1.7　曳引机承重梁如需埋入承重墙内，则支承长度应超过墙厚中心 20 mm，且不应小于 75 mm。

4.1.8　在电动机或飞轮上应有与轿厢升降方向相对应的标志。曳引轮、飞轮、限速器轮外侧面应漆成黄色。制动器手动松闸扳手漆成红色，并挂在易接近的墙上。

4.1.9　曳引机应有适量润滑油。油标应齐全，油位显示应清晰，限速器各活动润滑部位也应有可靠润滑。

4.1.10 制动器动作灵活，制动时两侧闸瓦应紧密、均匀地贴合在制动轮的工作面上，松闸时应同步离开，其四角处间隙平均值两侧都不大于0.7 mm。

4.1.11 限速器绳轮、选层器钢带轮对铅垂线的偏差均不大于0.5 mm，曳引轮、导向轮对铅垂线的偏差在空载或满载工况下均不大于2 mm。

4.1.12 限速器运转应平稳、出厂时动作速度整定封记应完好无拆动痕迹，限速器安装位置正确、底座牢固，当与安全钳联动时无颤动现象。

4.1.13 停电或电气系统发生故障时应有轿厢慢速移动措施，如用手动紧急操作装置，应能用松闸扳手松开制动器，并需用一个持续力去保持其松开状态。

4.2 井道

4.2.1 每根导轨至少应有2个导轨支架，其间距不大于2.5 m，特殊情况下，应有措施保证导轨安装满足GB 7588规定的弯曲强度要求。导轨支架水平度不大于1.5%，导轨支架的地脚螺栓或支架直接埋入墙的埋入深度不应小于120 mm。如果用焊接支架其焊缝应是连续的，并应双面焊牢。

4.2.2 当电梯冲顶时，导靴不应越出导轨。

4.2.3 每列导轨工作面（包括侧面与顶面）对安装基准线每5 m的偏差均应不大于下列数值：轿厢导轨和设有安全钳的对重导轨为0.6 mm；不设安全钳的T型对重导轨为1.0 mm。

在有安装基准线时，每列导轨应相对基准线整列检测，取最大偏差值。电梯安装完成后检验导轨时，可对每5 m铅垂线分段连续检测（至少测3次），取测量值间的相对最大偏差应不大于上述规定值的2倍。

4.2.4 轿厢导轨和设有安全钳的对重导轨工作面接头处不应有连续缝隙，且局部缝隙不大于0.5 mm，导轨接头处台阶用直线度为0.01/300的平直尺或其他工具测量，应不大于0.05 mm，如超过应修平，修光长度为150 mm以上，不设安全钳的对重导轨接头处缝隙不得大于1 mm，导轨工作面接头处台阶应不大于0.15 mm，如超差亦应校正。

4.2.5 两列导轨顶面间的距离偏差：

轿厢导轨为$^{+2}_{0}$ mm，对重导轨为$^{+3}_{0}$ mm。

4.2.6 导轨应用压板固定在导轨架上，不应采用焊接或螺栓直接连接。

4.2.7 轿厢导轨与设有安全钳的对重导轨的下端应支承在地面坚固的导轨座上。

4.2.8 对重块应可靠紧固，对重架若有反绳轮时其反绳轮应润滑良好，并应设有挡绳装置。

4.2.9 限速器钢丝绳至导轨导向面与顶面两个方向的偏差均不得超过10 mm。

4.2.10 轿厢与对重间的最小距离为50 mm，限速器钢丝绳和选层器钢带应张紧，在运行中不得与轿厢或对重相碰触。

4.2.11　当对重完全压缩缓冲器时的轿顶空间应满足：

a. 井道顶的最低部件与固定在轿顶上设备的最高部件间的距离（不包括导靴或滚轮，钢丝绳附件和垂直滑动门的横梁或部件最高部分）与电梯的额定速度 V（单位：m/s）有关，其值应不小于（$0.3+0.035V^2$）m。

b. 轿顶上方应有一个不小于 0.5 m×0.6 m×0.8 m 的矩形空间（可以任何面朝下放置），钢丝绳中心线距矩形体至少一个铅垂面距离不超过 0.15 m，包括钢丝绳的连接装置可包括在这个空间里。

4.2.12　封闭式井道内应设置照明，井道最高与最低 0.5 m 以内各装设一灯外，中间灯距不超过 7 m。

4.2.13　电缆支架的安装应满足：

a. 避免随行电缆与限速器钢丝绳、选层器钢带、限位极限等开关、井道传感器及对重装置等交叉；

b. 保证随行电缆在运动中不得与电线槽、管发生卡阻；

c. 轿底电缆支架应与井道电缆支架平行，并使电梯电缆处于井道底部时能避开缓冲器，并保持一定距离。

4.2.14　电缆安装应满足：

a. 随行电缆两端应可靠固定；

b. 轿厢压缩缓冲器后，电缆不得与底坑地面和轿厢底边框接触；

c. 随行电缆不应有打结和波浪扭曲现象。

4.3　轿厢

4.3.1　轿厢顶有反绳轮时，反绳轮应有保护罩和挡绳装置，且润滑良好，反绳轮铅垂度不大于 1 mm。

4.3.2　轿厢底盘平面的水平度应不超过 3/1000。

4.3.3　曳引绳头组合应安全可靠，并使每根曳引绳受力相近，其张力与平均值偏差均不大于 5%，且每个绳头锁紧螺母均应安装有锁紧销。

4.3.4　曳引绳应符合 GB 8903 规定，曳引绳表面应清洁不粘有杂质，并宜涂有薄而均匀的 ET 极压稀释型钢丝绳脂。

4.3.5　轿内操纵按钮动作应灵活，信号应显示清晰，轿厢超载装置或称量装置应动作可靠。

4.3.6　轿顶应有停止电梯运行的非自动复位的红色停止开关，且动作可靠，在轿顶检修接通后，轿内检修开关应失效。

4.3.7　轿厢架上若安装有限位开关碰铁时，相对铅垂线最大偏差不超过 3 mm。

4.3.8　各种安全保护开关应可靠固定，但不得使用焊接固定，安装后不得因电梯正常运行的碰撞或因钢丝绳、钢带、皮带的正常摆动使开关产生位移、损坏和误动作。

4.4 层站

4.4.1 层站指示信号及按钮安装应符合图纸规定，位置正确，指示信号清晰明亮，按钮动作准确无误，消防开关工作可靠。

4.4.2 层门地坎应具有足够的强度，水平度不大于2/1000，地坎应高出装修地面2~5 mm。

4.4.3 层门地坎至轿门地坎水平距离偏差为$_{0}^{+3}$ mm。

4.4.4 层门门扇与门扇、门扇与门套、门扇下端与地坎的间隙，乘客电梯应为1~6 mm，载货电梯应为1~8 mm。

4.4.5 门刀与层门地坎、门锁滚轮与轿厢地坎间隙应为5~10 mm。

4.4.6 在关门行程1/3之后，阻止关门的力不超过150 N。

4.4.7 层门锁钩、锁臂及动接点动作灵活，在电气安全装置动作之前，锁紧元件的最小啮合长度为7 mm。

4.4.8 层门外观应平整、光洁、无划伤或碰伤痕迹。

4.4.9 由轿门自动驱动层门情况下，当轿厢在开锁区域以外时，无论层门由于任何原因而被开启，都应有一种装置能确保层门自动关闭。

4.5 底坑

4.5.1 轿厢在两端站平层位置时，轿厢、对重装置的撞板与缓冲器顶面间的距离，耗能型缓冲器应为150~400 mm，蓄能型缓冲器应为200~350 mm，轿厢、对重装置的撞板中心与缓冲器中心的偏差不大于20 mm。

4.5.2 同一基础上的两个缓冲器顶部与轿底对应距离差不大于2 mm。

4.5.3 液压缓冲器柱塞铅垂度不大于0.5%，充液量正确。且应设有在缓冲器动作后未恢复到正常位置时使电梯不能正常运行的电气安全开关。

4.5.4 底坑应设有停止电梯运行的非自动复位的红色停止开关。

4.5.5 当轿厢完全压缩在缓冲器上时，轿厢最低部分与底坑底之间的净空间距离不小于0.5 m，且底部应有一个不小于0.5 m×0.6 m×1.0 m的矩形空间（可以任何面朝下放置）。

4.6 整机功能检验

4.6.1 曳引检查

a. 在电源电压波动不大于2%工况下，用逐渐加载测定轿厢上、下行至与对重同一水平位置时的电流或电压测量法，检验电梯平衡系数应为40%~50%，测量表必须符合电动机供电的频率、电流、电压范围。

b. 电梯在行程上部范围内空载上行及行程下部范围125%额定载荷下行，分别停层3次以上，轿厢应被可靠地制停（下行不考核平层要求），在125%额定载荷以正常运行速度下行时，切断电动机与制动器供电，轿厢应被可靠制动。

c. 当对重支承在被其压缩的缓冲器上时，空载轿厢不能被曳引绳提升起。

d. 当轿厢面积不能限制载荷超过额定值时，再需用150%额定载荷做曳引静载检查，历时10 min，曳引绳无打滑现象。

4.6.2　限速器安全钳联动试验

a. 额定速度大于0.63 m/s及轿厢装有数套安全钳时应采用渐进式安全钳，其余可采用瞬时式安全钳。

b. 限速器与安全钳电气开关在联动试验中动作应可靠，且使曳引机立即制动。

c. 对瞬时式安全钳，轿厢应载有均匀分布的额定载荷，短接限速器与安全钳电气开关，轿内无人，并在机房操作下行检修速度时，人为让限速器动作。复验或定期检验时，各种安全钳均采用空轿厢在平层或检修速度下试验。

对渐进式安全钳，轿厢应载有均匀分布125%的额定载荷，短接限速器与安全钳电气开关，轿内无人。在机房操作平层或检修速度下行，人为让限速器动作。

以上试验轿厢应可靠制动，且在载荷试验后相对于原正常位置轿厢底倾斜度不超过5%。

4.6.3　缓冲试验

a. 蓄能型缓冲器仅适用于额定速度不大于1 m/s的电梯，耗能型缓冲器可适用于各种速度的电梯；

b. 对耗能型缓冲器需进行复位试验，即轿厢在空载的情况下以检修速度下降将缓冲器全压缩，从轿厢开始离开缓冲器一瞬间起，直到缓冲器回复到原状，所需时间应不大于120 s。

4.6.4　层门与轿门联锁试验

a. 在正常运行和轿厢未停止在开锁区域内，层门应不能打开；

b. 如果一个层门和轿门（在多扇门中任何一扇门）打开，电梯应不能正常启动或继续正常运行。

4.6.5　上下极限动作试验

设在井道上下两端的极限位置保护开关，它应在轿厢或对重接触缓冲器前起作用，并在缓冲器被压缩期间保持其动作状态。

4.6.6　安全开关动作试验

电梯以检修速度上下运行时，人为动作下列安全开关2次，电梯均应立即停止运行。

a. 安全窗开关，用打开安全窗试验（如设有安全窗）；

b. 轿顶、底坑的紧急停止开关；

c. 限速器松绳开关。

4.6.7 运行试验

a. 轿厢分别以空载、50%额定载荷和额定载荷三种工况，并在通电持续率40%情况下，到达全行程范围，按120次/h，每天不少于8 h，各启动、制动运行1000次，电梯应运行平稳、制动可靠、连续运行无故障。

b. 制动器温升不应超过60 K，曳引机减速器油温升不超过60 K，其温度不应超过85 ℃，电动机温升不超过GB 12974的规定。

c. 曳引机减速器，除蜗杆轴伸出一端渗漏油面积平均每小时不超过150 cm^2 外，其余各处不得有渗漏油。

4.6.8 超载运行试验

断开超载控制电路，电梯在110%的额定载荷，通电持续率40%情况下，到达全行程范围。启动、制动运行30次，电梯应能可靠地启动、运行和停止（平层不计），曳引机工作正常。

4.7 整机性能试验

4.7.1 乘客与病床电梯的机房噪声、轿厢内运行噪声与层门、轿门开关过程的噪声应符合GB 10058规定要求。

4.7.2 平层准确度应符合GB 10058规定要求。

4.7.3 整机其他性能宜符合GB 10058有关规定要求。

复习思考题

1. 调试试运行前要做哪些准备工作？
2. 如何进行安全钳闸车试验？

复 习 题

一、单项选择题

1. 搭电梯脚手架时，为保证架的承受力，在层高大于（　）时，应采用钢管做材料。

A. 10 m　　B. 20 m　　C. 30 m　　D. 40 m

2. 承重梁预埋入墙内时，深度应越过墙中心线 20 mm 以上，且大于（　）。

A. 25 mm　　B. 55 mm　　C. 75 mm　　D. 95 mm

3. 用膨胀螺栓固定导轨支架，其螺栓埋入深度应大于（　）。

A. 100 mm　　B. 120 mm　　C. 200 mm　　D. 250 mm

4. 限速器钢丝绳与安全钳连接时，应用 3 只钢丝绳扎，每个扎头间的距离应大于（　）d（d 为钢丝绳直径）。

A. 3　　B. 4　　C. 5　　D. 6

5. 用预埋螺栓或直接埋设固定法固定导轨支架，埋入深度应不小于（　）。

A. 140 mm　　B. 120 mm　　C. 100 mm　　D. 80 mm

6. 减速、平层感应器的上、下两只感应器的垂直度偏差不大于（　）。

A. 1/1000　　B. 2/1000　　C. 3/1000　　D. 0. 5/1000

7. 电梯调试前，应测量电源电压，其波动值应不大于（　）。

A. ±5%　　B. ±7%　　C. ±10%　　D. ±15%

8. 在用巴氏合金浇绳头套时，必须将锥套预热到（　）℃。

A. 40 ~ 50　　B. 50 ~ 70　　C. 100 ~ 150　　D. 270 ~ 350

9. 电梯安装小组中，必须有 1 ~ 2 名（　）以上电梯技工负责主持安装。

A. 初级　　B. 中级　　C. 高级　　D. 技师级

10. 安置样板架的水平度应不超过（　）。

A. 3 mm　　B. 5 mm　　C. 6 mm　　D. 8 mm

11. 当井道墙壁厚度大于（　）时，用预埋螺栓或直接埋设固定法固定导轨支架。

A. 100 mm B. 120 mm C. 150 mm D. 180 mm

12. 由井道底坑算起，最高一排导轨支架距井道顶部楼板不大于（　　）。

A. 300 mm B. 400 mm C. 500mm D. 600 mm

13. 曳引机承重梁如需埋入承重墙内时，支承长度应超过墙中心 20 mm，且不应小于（　）。

A. 55 mm B. 65 mm C. 75 mm D. 85 mm

14. 对不设减振装置的曳引机座的水平度应不大于（　　）。

A. 2/1000 B. 1/1000 C. 0. 5/1000 D. 3/1000

15. 电梯安装队常由（　　）组成。

A. 3 人 B. 9 人 C. 4 ~ 6 人 D. 15 人

16. 电梯样板架是根据电梯轿厢、对重、导轨等部件的实际相关尺寸所制作的（　　）放样样板。

A. 1 : 1 B. 1 : 2 C. 2 : 1 D. 1 : 0

17. 曳引机承重梁如需埋入承重墙内时，支承长度应超过墙中心厚度（　），且不应小于 75 mm。

A. 10 mm B. 15 mm C. 20 mm D. 25 mm

18. 当井道壁厚度小于（　　）时，用对穿螺栓法固定导轨支架。

A. 100 mm B. 120 mm C. 150 mm D. 180 mm

19. 开门刀与层门地坎保持（　　）的间隙。

A. 2 ~ 3 mm B. 3 ~ 4 mm C. 4 ~ 6 mm D. 5 ~ 10 mm

20. 按规范，轿厢液压缓冲器与轿厢的距离应为（　　）。

A. 250 ~ 350 mm B. 150 ~ 400 mm C. 200 ~ 350 mm D. 50 ~ 200 mm

21. 电梯超载试验时轿厢应装（　）额定载荷进行试验。

A. 120% B. 125% C. 110% D. 150%

22. 轿厢撞板与弹簧缓冲器顶面间的距离应为（　　）。

A. 150 ~ 400 mm B. 200 ~ 350 mm C. 250 ~ 350 mm D. 150 ~ 350 mm

23. 极限开关应在电梯超越正常平层位置（　　）内起作用。

A. 50 mm B. 100 mm C. 200 mm D. 300 mm

24. 安全触板的撞击力应设计得小些，一般应控制在（　　）以内。

A. 0. 1 kg B. 0. 5 kg C. 0. 8 kg D. 1. 0 kg

25. 安装缓冲器，中心位置与轿厢（或对重）碰击板中心偏移不超过（　　）。

A. 5 mm B. 15 mm C. 20 mm D. 25 mm

26. 承重梁深入墙内长度要大于 75 mm，且应超入墙厚中心（　　）。

A. 10 mm B. 20 mm C. 30 mm D. 40 mm

27. 机房布线，接地保护线的颜色应为（　　）绝缘电线。

A. 绿色　　B. 红色　　C. 黄色　　D. 黄绿双色

28. 所有电梯电气设备的金属外壳均应有易于识别的接地端，其接地电阻不应（　）。

A. 大于 6 Ω　　B. 小于 6 Ω　　C. 大于 4 Ω　　D. 小于 4 Ω

29. 轿厢采用电缆芯线作接地线时，不得少于（　　），且截面积应大于 1.5 mm^2。

A. 一根　　B. 二根　　C. 三根　　D. 四根

30. 当轿厢以额定速度向下运行至行程的下半部时，制动器应能使曳引机可靠制动时的负荷重量应为（　　）额定载荷。

A. 110%　　B. 115%　　C. 120%　　D. 125%

31. 电梯的电气设备接地电阻不大于（　　）。

A. 1 Ω　　B. 2.5 Ω　　C. 4 Ω　　D. 10 Ω

32. 托样板架的两根木梁断面至少为（　　）。

A. 50 mm × 50 mm　　B. 60 mm × 60 mm　　C. 80 mm × 80 mm　　D. 100 mm × 100 mm

33. 任何导轨架的水平度应不大于（　　）。

A. 1.5%　　B. 2%　　C. 2.5%　　D. 3%

34. 层门地坎与轿门地坎水平距离偏差不得大于（　　）。

A. 1 mm　　B. 2 mm　　C. 3 mm　　D. 4 mm

35. 限速器绳轮的铅垂度应不大于（　　）。

A. 0.2 mm　　B. 0.5 mm　　C. 0.8 mm　　D. 1.0 mm

36. 限速器绳索与导轨工作面的距离偏差应不超过（　　）。

A. 5 mm　　B. 6 mm　　C. 8 mm　　D. 10 mm

37. 一个轿厢若采用两个缓冲器时，两个缓冲器的高度差应不大于（　　）。

A. 1 mm　　B. 2 mm　　C. 3 mm　　D. 4 mm

38. 缓冲器中心与轿架下梁缓冲撞板中心的偏差应不大于（　　）。

A. 10 mm　　B. 15 mm　　C. 20 mm　　D. 25 mm

39. 控制柜维修侧与墙壁的距离必须在（　）。

A. 300 mm 以上　　B. 400 mm 以上　　C. 500 mm 以上　　D. 600 mm 以上

40. 轿厢下梁对重底的碰板与弹簧缓冲器顶面的间距应为（　　）。

A. 100 ~ 200 mm　　B. 200 ~ 350 mm　　C. 350 ~ 400 mm　　D. 400 ~ 450 mm

41. 导轨支架安装要求，第一只距底坑小于 1000 mm，最高一只离井道顶小于 500 mm，中间间距应小于或等于（　）。

A. 2.5 m　　B. 3 m　　C. 3.5 m　　D. 1.5 m

42. 各层门门锁开锁滚轮与轿厢地坎间隙为（　　）。

A. 2 ~ 3 mm　　B. 3 ~ 4 mm　　C. 4 ~ 6 mm　　D. 5 ~ 10 mm

43. 轿厢上、下横梁的水平度均不大于（　　）。

A. 1/1000　　B. 2/1000　　C. 3/1000　　D. 1/2000

44. 层门地坎上平面的水平度不大于（　　）。

A. 3/1000　　B. 2/1000　　C. 1/1000　　D. 0.5/1000

45. 在规范中规定电梯轿厢噪声应小于（　　）dB(A)。

A. 65　　B. 55　　C. 80　　D. 85

46. 门刀与各层层门地坎及各层门锁滚轮的间隙为（　　）。

A. 4 ~ 5 mm　　B. 5 ~ 8 mm　　C. 5 ~ 10 mm　　D. 8 ~ 10 mm

47. 电梯供电电源的波动范围要求小于或等于（　　）。

A. ±3%　　B. ±5%　　C. ±7%　　D. ±10%

48. 曳引轮、导向轮垂直度不大于 0.5 mm，曳引轮与导向轮的平行度不大于（　　）

A. ±0.5 mm　　B. ±1 mm　　C. ±1.5 mm　　D. ±2 mm

49. 电动机的绝缘电阻应大于（　　）。

A. 0.1 MΩ　　B. 0.25 MΩ　　C. 0.5 MΩ　　D. 0.15 MΩ

50. 控制电路的绝缘电阻应不小于（　　）。

A. 0.1 MΩ　　B. 0.25 MΩ　　C. 0.5 MΩ　　D. 0.15 MΩ

51. 主电路和安全装置线路绝缘电阻应不小于（　　）

A. 0.25 MΩ　　B. 0.3 MΩ　　C. 0.5 MΩ　　D. 1.0 MΩ

52. 控制、信号等线路绝缘电阻应不小于（　　）

A. 0.25 MΩ　　B. 0.3 MΩ　　C. 0.5 MΩ　　D. 1.0 MΩ

53. 层门地坎应高出地面 2 ~ 5 mm，水平度不大于（　　）。

A. 1/100　　B. 2/100　　C. 1/1000　　D. 2/1000

54. 门刀与地坎的间隙为（　　）。

A. 1 ~ 4 mm　　B. 2 ~ 8 mm　　C. 5 ~ 10 mm　　D. 6 ~ 12 mm

55. 门锁滚轮与轿厢地坎间隙应为（　　）。

A. 1 ~ 4 mm　　B. 2 ~ 8 mm　　C. 5 ~ 10 mm　　D. 6 ~ 12 mm

56. 当轿厢面积不能限制载荷超过额定值时，需再用（　　）额定载荷做曳引静载检查，历时 10 min。

A. 125%　　B. 150%　　C. 175%　　D. 200%

57. 超载试验时，用（　　）额定载荷进行。

A. 100%　　B. 110%　　C. 125%　　D. 150%

58. 中间接线箱安装在电梯正常运行高度的（　　）的井道壁上。

A. 1/2 +1 m　B. 1/2 +1. 6 m　C. 1/2 +1. 7 m　D. 1/2 +1. 8 m

59. (　　) 要求属于电梯安装验收的重要项目。

A. 主电源开关　B. 旋转轮涂色

C. 制动器松闸、合闸　D. 电缆安装

60. 拆除旧电梯时，应最后拆（　　）。

A. 轿厢　B. 电源开关　C. 缓冲器　D. 限速器

61. (　　) 要求属于电梯安装验收的重要项目。

A. 曳引机承重梁安装　B. 层门与地坎间隙

C. 轿顶停止开关　D. 平衡系数检查

62. (　　) 要求属于电梯安装验收的一般项目。

A. 轿顶最小空间　B. 井道照明　C. 限位碰铁安装　D. 导轨安装

63. (　　) 要求属于电梯安装验收的重要项目。

A. 轿顶最小空间　B. 井道照明　C. 限位碰铁安装　D. 导轨安装

64. 脚手架的承载能力应（　　）。

A. ≥200 kg/m^2　B. ≥250 kg/m^2　C. ≥300 kg/m^2　D. ≥350 kg/m^2

65. 接地线应采用黄绿双色线，截面不应小于（　　）。

A. 1. 5 mm^2　B. 4 mm^2　C. 2. 5 mm^2　D. 5 mm^2

二、多项选择题

1. 电梯主电源开关不应切断下列供电电路（　　）。

A. 机房、轿厢、滑轮间照明和轿厢通风　B. 机房、轿顶和底坑的电源插座

C. 电梯控制电路　D. 井道照明　E. 报警装置

2. 电梯导轨支架的安装方法有（　　）。

A. 对穿螺栓固定法　B. 预埋地脚螺栓法　C. 黏合固定法

D. 预埋钢板法　E. 涨管螺栓固定法

3. 电梯机房主电源开关不应切断下述（　　）供电电路。

A. 强迫减速电路　B. 报警电路　C. 轿顶电源插座

D. 安全电路　E. 门锁电路

4. 控制柜的安装位置应符合以下几个条件（　　）。

A. 控制柜、屏正面距门、窗不小于500 mm

B. 控制柜、屏正面距门、窗不小于600 mm

C. 控制柜、屏的维修侧距墙不小于500 mm

D. 控制柜、屏的维修侧距墙不小于600 mm

E. 控制柜、屏距机械设备不小于 500 mm

5. 脚手架的搭设不能影响（　　）。

A. 缓冲器安装　　B. 穿线　　C. 铅重线的放置

D. 导轨安装　　E. 导轨架安装

6. 电梯电缆架共有两个，请问各安装在何处？（　　）

A. 井道底部　　B. 井道顶端　　C. 井道中间

D. 轿厢上部　　E. 轿厢底部

7. 电梯随行安装用的测量工具包括（　　）。

A. 螺钉旋具　　B. 钢卷尺　　C. 测电笔

D. 线锤　　E. 游标卡尺

8. 属于电梯安装用的电工工具包括（　　）。

A. 万用表　　B. 功率表　　C. 绝缘电阻表

D. 钳形表　　E. 秒表

9. 属于电梯安装用的调试工具包括（　　）。

A. 声级仪　　B. 示波器　　C. 钢锯

D. 手拉葫芦　　E. 加速度测试仪

10. 曳引检查的项目包括（　　）。

A. 限速器—安全钳试验　　B. 超载试验　　C. 静载试验

D. 平衡系数试验　　E. 运行试验

11. GB 10060—93 标准对导轨支架安装的要求有（　　）。

A. 导轨支架埋入深度≥ 150 mm　　B. 导轨支架埋入深度不小于 120 mm

C. 导轨支架水平度≤1. 5%　　D. 支架间距不得大于 2 m

E. 在混凝土墙可打涨管螺栓固定

12. 导轨支架安装的要求有（　　）。

A. 支架不能焊接　　B. 支架焊缝应连续　　C. 砖墙也可打膨胀螺栓

D. 支架低于样板线 1 ~ 2 mm　　E. 支架低于样板线 3 ~ 5 mm

13. 导轨安装前要求有（　　）。

A. 检查导轨直线度≤1/6000　　B. 导轨轨距偏差 0 ~ 2 mm

C. 单根导轨全长偏差≤0. 7 mm　　D. 导轨台阶≤0. 05 mm

E. 对超差导轨进行校正

14. GB 10060—93 对导轨安装调整的技术要求包括（　　）。

A. 导轨应用螺栓直接连接

B. 轿厢导轨下端应悬空 100 mm

C. 轿厢导轨工作面对安装基准线每 5 m 偏差为 1. 0 mm

D. 轿厢导轨下端应支承在导轨座上

E. 导轨接头处修光长度≥150 mm

15. GB 10060—93 对层门地坎安装的技术要求有（　　）。

A. 地坎应高出装修地面 2 ~ 5 mm

B. 水平度≤2/1000

C. 水平度≤3/1000

D. 层门地坎至轿门地坎水平距离偏差 0 ~ 13 mm

E. 层门地坎与门刀间隙为 5 ~ 12 mm

16. GB 10060—93 对液压缓冲器安装检验的要求有（　　）。

A. 柱塞铅垂度≤1%　　B. 柱塞铅垂度≤0.5%　　C. 开关复位时间≤100 s

D. 开关复位时间≤120 s　　E. 同一基础上两个缓冲器顶部相对高差≤20 mm

17. GB 10060—93 对电梯运行试验要求是（　　）。

A. 空载工况　　B. 50% 载荷工况　　C. 100% 载荷工况

D. 运行 3000 次　　E. 通电持续率 60%

18. 超载运行试验的规范要求有（　　）。

A. 100% 载荷　　B. 110% 载荷　　C. 125% 载荷

D. 通电持续率 40%　　E. 断开超载控制电路

19. 限速器安全钳联动试验的规范要求有（　　）。

A. 轿内无人　　B. 轿内有人　　C. 上行

D. 下行　　E. 动作后轿厢底倾斜度不超过 5%

20. 对轿顶反绳轮的安装要求有（　　）。

A. 轮铅垂度≤0.5 mm　　B. 轮铅垂度≤1.0 mm　　C. 装有保护罩

D. 装有挡绳装置　　E. 装有安全开关

21. GB 10060—93 对层门安装的要求是（　　）。

A. 门锁滚轮与轿厢地坎间隙为 4 ~ 8 mm

B. 门锁滚轮与轿厢地坎间隙为 5 ~ 10 mm

C. 客梯门扇与门套间隙为 5 ~ 10 mm

D. 货梯门扇与门套间隙为 1 ~ 8 mm

E. 客梯门扇下端与地坎间隙为 1 ~ 6 mm

22. 按 GB 10060—93 规定，下列层门安装验收数据符合要求的是（　　）。

A. 客梯门扇之间间隙不大于 2 mm

B. 客梯门扇下端与地坎间隙不大于 8 mm

C. 门锁滚轮与轿厢地坎间隙为 10 mm

D. 门刀与层门地坎间隙为 4 mm

E. 货梯门扇与门套间隙不大于 8 mm

23. 按 GB 10060—93 规定，下列导轨安装验收数据符合要求的是（ ）。

A. 不设安全钳对重导轨台阶 0. 12 mm

B. 轿厢导轨台阶 0. 1 mm

C. 不设安全钳对重导轨接头缝隙 0. 8 mm

D. 轿厢导轨接头缝隙 0. 4 mm

E. 轿厢导轨顶部距离偏差 3 mm

24. 在调试时，开慢车以前应调整好（ ）。

A. 各层隔磁板 B. 制动器 C. 自动门机

D. 检查电压范围 E. 随行电缆灵活性

25. 电梯安装完成后，应做（ ）。

A. 高低温试验 B. 超载试验 C. 制动试验

D. 静载试验 E. 安全钳试验

26. 关门时夹人的原因有（ ）。

A. 关门速度太快 B. 安全触板坏 C. 开门按钮坏

D. 光电保护器坏 E. 减速开关坏

27. 电梯调试前应做好（ ）。

A. 拆一半脚手架 B. 确保限速器—安全钳工作正常

C. 给各润滑部位加油 D. 清理地坎垃圾

E. 少加几块对重，防止失控

28. 电梯安装完后的验收标准是（ ）。

A. GB 7588—1987 B. GB 10060—93 C. 生产厂验收标准

D. 质量技术监督局电梯检测报告书 E. 电梯监督检验规程

中级附加题①

1. 下列（ ）元件安装在井道。

A. 上平层永磁感应器 B. 层楼永磁感应器 C. 制动器线圈

D. 关门到位开关 E. 下行强迫减速开关

2. 导轨支架安装时的一般原则是（ ）。

A. 支架最大间距≤2. 5 m B. 混凝土墙可打涨管螺栓固定

C. 两导轨接导板水平位置应错开≥1 m D. 支架埋入深度≥180 mm

① 注意，中级附加题有单选题，也有多选题。

3. 制作曳引钢丝绳头的一般要求是（　　）。

A. 合金加热温度 270～350 ℃　　B. 合金加热颜色暗红温度适当

C. 截断钢丝绳前用细铁丝扎紧两端　　D. 预热锥套是为了除铁锈

E. 应二次浇灌合金

4. 开门刀与门锁滚轮的调整应符合（　　）。

A. 门刀与层门地坎间隙为 5～10 mm

B. 门锁滚轮与轿厢地坎间隙为 5～8 mm

C. 门刀两侧与门锁轮间隙为 3 mm

D. 门刀两侧与门锁滚轮间隙和为 3 mm

E. 轿厢地坎与层门地坎间距不大于 35 mm

5. 电梯安装时重要的放样铅垂线是（　　）。

A. 轿厢导轨线　　B. 对重导轨线　　C. 层门线

D. 限位开关安装线　　E. 感应器安装线

6. 极限开关试验应在（　　）条件下进行。

A. 正常速度　　B. 检修速度　　C. 额定载荷

D. 空载　　E. 短接限位开关

三、判断题

1. 检查安全钳的动作时，可以在任何楼层区进行。（　　）

2. 电梯电气接零与接地在通常情况下可接在一起使用。（　　）

3. 由于安装的需要，脚手架可随时拆或锯，只要它稳固就没问题。（　　）

4. 电梯安装人员应熟知电梯安装图、电气原理图、土建布置图、电梯使用说明书、调试说明书及安装布线图。（　　）

5. 对机房上置式曳引机，控制柜应搬运至机房；轿厢零部件搬运至顶层，对重部分运至底坑附近，便于安装。（　　）

6. 搭脚手架时，不管哪种电梯，所用的都是同一种布置图。（　　）

7. 样板架是电梯轿厢、对重、导轨实际尺寸的样板。（　　）

8. 样板架分对重后置甩式和旁置式两种。（　　）

9. 电梯动力与控制电路可以同线槽不分离敷设。（　　）

10. 电梯安装施工现场照明要采用 36 V 以下的安全电压，并有过载短路保护、接地保护。（　　）

11. 圆电缆被安装在轿厢侧旁以前必须悬挂数小时。（　　）

12. 所有接地系统连通后引至机房，接至电网引入的接地线，可用中性线当接地

线。(　　)

13. 为了将感应器、开关等元器件安装牢固，防止移位，可以采用焊接方法固定零部件。(　　)

14. 脚手架材料在选用木料或竹竿时，应有防火措施。(　　)

15. 为了确保安全，层门安好后，应立即安装门锁。(　　)

16. 浇注巴氏合金，浇注面应高出锥孔 10 ~ 15 mm。(　　)

17. 全部电线槽或电线管设完后，需将全部槽管焊连成一体，并可靠接地。(　　)

18. 永磁感应器安装好后，磁钢短路板可不取下来。(　　)

19. 电梯安装配线时，每截一根线，都要在线的两端分别套上打有不同符号和号码的导管。(　　)

20. 接地电阻不得小于 4 Ω。(　　)

21. 每台电梯的各部分接地设施应连成一体，可靠接地。(　　)

22. 导轨是自上而下安装的。(　　)

23. 试运行应先在慢速检修状态下进行。(　　)

24. 经慢速试运行和对有关部件进行调校后即可进行快速试运行和调试。(　　)

25. 电梯经试运行和调校后，还应做试验和检测合格后方能交付使用。(　　)

26. 浇注巴氏合金时，不需戴防护眼镜和手套。(　　)

27. 电梯安装进场人员穿保护身体不受损伤的衣服就行。(　　)

28. 施工中临时用电的电缆不能随地敷设，为防止人踩物压损伤，应用钉子把电缆直接钉在墙上或木桩上。(　　)

29. 吊装用的钢丝绳一定要用铁丝绳捆紧，不能脱结。(　　)

30. 电梯安装进度表内容包括：准备工作时间周期，机械电气安装工作时间周期，调试试车时间和试验时间周期。(　　)

31. 电梯安装人员在安装前应按生产厂家提供的土建图检查以下尺寸：井道平面尺寸，底坑深度，顶层高度，导轨支架的分布和各牛腿尺寸，门口尺寸，按钮显示孔尺寸，机房预留孔，吊钩载重等。(　　)

32. 电梯安装前开箱验收应由安装队和业主在场验收，并签字认可。(　　)

33. 搭脚手架所用的材料有角铁、型钢等。(　　)

34. 绘制脚手架平面图时，应给对重、导轨、接线盒等留出一定的安装空间。(　　)

35. 用脚手架中的横杆顶死井道壁，并扎紧，确保整个架子稳固、结实，并能承受一定压力。(　　)

36. 由于安装的需要，允许锯断一些横杆和立柱。(　　)

37. 样板架一般选用木质较轻、易加工的木材。(　　)

38. 机房承重梁若有一头埋入墙内，只要越过墙中心线 20 mm 就行。（ ）

39. 轿厢安装完以后，应先拆脚手架然后开慢车装限速器—安全钳装置。（ ）

40. 为了安装对重的方便，上置式机房轿厢安装一般在顶层或次高层进行。（ ）

41. 为了防水，要求安装电梯层门地坎时应高出外装饰面 5 mm，其水平度为 2/1000。（ ）

42. 安全钳试验时，应在限速器动作以后安全钳楔块相继动作。（ ）

43. 电梯安装人员进场只须戴好安全帽即可。（ ）

44. 安全组长应不定期对工地现场和一切设备装置进行安全检查，并消除所存在的不安全因素。（ ）

45. 电梯安装前开箱验收应由安装队、委托安装单位（甲方）及制造单位三方代表在场验收签字认可。（ ）

46. 样板架通常用矩形截面木材制作。当电梯层高大于 40 m 时应采用相应强度的型钢制作。（ ）

47. 在轿厢、对重全部装好，并用曳引绳挂在曳引轮上后，便可拆除轿厢和对重的支承横梁。（ ）

48. 电梯的动力线和控制线宜共同敷设，以节省材料、人工费用及安装空间。（ ）

49. 搭脚手架的常用材料是竹、木、钢管三种。（ ）

50. 货物应堆放在轿厢一边。（ ）

51. 对重的安装在井道下方底坑上架设一个由方木构成的木台架上进行。（ ）

52. 电梯的动力线和控制线宜分别敷设，微信号及电子线路应按产品要求单独敷设或采用抗干扰措施。（ ）

53. 限速器钢丝绳的张紧力可通过增加或减少张紧装置中的配重块来调整。（ ）

54. 绳卡法要求只要能卡住绳头就行。（ ）

55. 在检查电梯时，层门及门联锁抽检合格，就说明此项合格。（ ）

56. 电梯地线只要尽量粗一点，减小对地电阻就行。（ ）

57. 当对重支承在被其压缩的缓冲器上时空载轿厢应不能上行试验属于曳引检查。（ ）

58. 控制柜内动力电路绝缘电阻应大于 0.5 MΩ。（ ）

59. 电梯安装工地细长构件或材料应采用直立放置方法堆放。（ ）

60. 电梯动力线路与控制线路可以敷设在同一线槽中。（ ）

61. 层门地坎安装时，地坎平面应高出装饰层面 5 ~ 10 mm，并有 1/500 ~ 1/100 坡度。（ ）

62. 一般常把电梯安装施工分成电工和机械两个作业组。（ ）

附　　录

附录一　电梯工程施工质量验收规范 GB 50310—2002

1 总　　则

1.0.1　为了加强建筑工程质量管理，统一电梯安装工程施工质量的验收，保证工程质量，制订本规范。

1.0.2　本规范适用于电力驱动的曳引式或强制式电梯、液压电梯、自动扶梯和自动人行道安装工程质量的验收；本规范不适用于杂物电梯安装工程质量的验收。

1.0.3　本规范应与国家标准《建筑工程施工质量验收统一标准》GB 50300—2001配套使用。

1.0.4　本规范是对电梯安装工程质量的最低要求，所规定的项目都必须达到合格。

1.0.5　电梯安装工程质量验收除应执行本规范外，尚应符合现行有关国家标准的规定。

2 术　　语

2.0.1　电梯安装工程　installation of lifts，escalators and passenger conveyors

电梯生产单位出厂后的产品，在施工现场装配成整机至交付使用的过程。

注：本规范中的“电梯”是指电力驱动的曳引式或强制式电梯、液压电梯、自动扶梯和自动人行道。

2.0.2　电梯安装工程质量验收 acceptance of installation quality of lifts，escalators and passenger conveyors

电梯安装的各项工程在履行质量检验的基础上，由监理单位（或建设单位）、土建施工单位、安装单位等几方共同对安装工程的质量控制资料、隐蔽工程和施工检查记录等档案材料进行审查，对安装工程进行普查和整机运行考核，并对主控项目全验和一般项目抽验，根据本规范以书面形式对电梯安装工程质量的检验结果作出确认。

2.0.3　土建交接检验 handing over inspection of machine rooms and wells

电梯安装前，应由监理单位（或建设单位）、土建施工单位、安装单位共同对电梯井道和机房（如果有）按本规范的要求进行检查，对电梯安装条件作出确认。

3　基本规定

3.0.1　安装单位施工现场的质量管理应符合下列规定：

1　具有完善的验收标准、安装工艺及施工操作规程。

2　具有健全的安装过程控制制度。

3.0.2　电梯安装工程施工质量控制应符合下列规定：

1　电梯安装前应按本规范进行土建交接检验，可按附录 A 表 A 记录。

2　电梯安装前应按本规范进行电梯设备进场验收，可按附录 B 表 B 记录。

3　电梯安装的各分项工程应按企业标准进行质量控制，每个分项工程应有自检记录。

3.0.3　电梯安装工程质量验收应符合下列规定：

1　参加安装工程施工和质量验收人员应具备相应的资格。

2　承担有关安全性能检测的单位，必须具有相应的资质。仪器设备应满足精度要求，并应在检定有效期内。

3　分项工程质量验收均应在电梯安装单位自检合格的基础上进行。

4　分项工程质量应分别按主控项目和一般项目检查验收。

5　隐蔽工程应在电梯安装单位检查合格后，于隐蔽前通知有关单位检查验收，并形成验收文件。

4　电力驱动的曳引式或强制式电梯安装工程质量验收

4.1　设备进场验收

主控项目

4.1.1　随机文件必须包括下列资料：

1　土建布置图；

2　产品出厂合格证；

3　门锁装置、限速器、安全钳及缓冲器的型式试验证书复印件。

一般项目

4.1.2 随机文件还应包括下列资料：

1 装箱单；

2 安装、使用维护说明书；

3 动力电路和安全电路的电气原理图。

4.1.3 设备零部件应与装箱单内容相符。

4.1.4 设备外观不应存在明显的损坏。

4.2 土建交接检验

主控项目

4.2.1 机房（如果有）内部、井道土建（钢架）结构及布置必须符合电梯土建布置图的要求。

4.2.2 主电源开关必须符合下列规定：

1 主电源开关应能够切断电梯正常使用情况下的最大电流；

2 对有机房电梯该开关应能从机房入口处方便地接近；

3 对无机房电梯该开关应设置在井道外工作人员方便接近的地方，且应具有必要的安全防护。

4.2.3 井道必须符合下列规定：

1 当底坑底面下有人员能到达的空间存在，且对重（或平衡重）上未设有安全钳装置时，对重缓冲器必须安装在（或平衡重运行区域的下边必须）一直延伸到坚固地面上的实心桩墩上。

2 电梯安装之前，所有层门预留孔必须设有高度不小于 1.2 m 的安全保护围封，并应保证有足够的强度。

3 当相邻两层门地坎间的距离大于 11 m 时，其间必须设置井道安全门，井道安全门严禁向井道内开启，且必须装有安全门处于关闭时电梯才能运行的电气安全装置。当相邻轿厢间有相互救援用轿厢安全门时，可不执行本款。

一般项目

4.2.4 机房（如果有）还应符合下列规定：

1 机房内应设有固定的电气照明，地板表面上的照度不应小于 200 lx。机房内应设置一个或多个电源插座。在机房内靠近入口的适当高度处应设有一个开关或类似装置控制机房照明电源。

2 机房内应通风，从建筑物其他部分抽出的陈腐空气，不得排入机房内。

3 应根据产品供应商的要求，提供设备进场所需要的通道和搬运空间。

4　电梯工作人员应能方便地进入机房或滑轮间，而不需要临时借助于其他辅助设施。

5　机房应采用经久耐用且不易产生灰尘的材料建造，机房内的地板应采用防滑材料。

注：此项可在电梯安装后验收。

6　在一个机房内，当有两个以上不同平面的工作平台，且相邻平台高度差大于0.5 m时，应设置楼梯或台阶，并应设置高度不小于0.9 m的安全防护栏杆。当机房地面有深度大于0.5 m的凹坑或槽坑时，均应盖住。供人员活动空间和工作台面以上的净高度不应小于1.8 m。

7　供人员进出的检修活板门应有不小于0.8 m×0.8 m的净通道，开门到位后应能自行保持在开启位置。检修活板门关闭后应能支撑两个人的重量（每个人按在门的任意0.2 m×0.2 m面积上作用1000 N的力计算），不得有永久性变形。

8　门或检修活板门应装有带钥匙的锁，它应从机房内不用钥匙打开。只供运送器材的活板门，可只在机房内部锁住。

9　电源零线和接地线应分开。机房内接地装置的接地电阻值不应大于4 Ω。

10　机房应有良好的防渗、防漏水保护。

4.2.5　井道还应符合下列规定：

1　井道尺寸是指垂直于电梯设计运行方向的井道截面沿电梯设计运行方向投影所测定的井道最小净空尺寸，该尺寸应和土建布置图所要求的一致，允许偏差应符合下列规定：

1）当电梯行程高度小于等于30 m时为0～+25 mm；

2）当电梯行程高度大于30 m且小于等于60 m时为0～+35 mm；

3）当电梯行程高度大于60 m且小于等于90 m时为0～+50 mm；

4）当电梯行程高度大于90 m时，允许偏差应符合土建布置图要求。

2　全封闭或部分封闭的井道，井道的隔离保护、井道壁、底坑底面和顶板应具有安装电梯部件所需要的足够强度，应采用非燃烧材料建造，且应不易产生灰尘。

3　当底坑深度大于2.5 m且建筑物布置允许时，应设置一个符合安全门要求的底坑进口；当没有进入底坑的其他通道时，应设置一个从层门进入底坑的永久性装置，且此装置不得凸入电梯运行空间。

4　井道应为电梯专用，井道内不得装设与电梯无关的设备、电缆等。井道可装设采暖设备，但不得采用蒸汽和水作为热源，且采暖设备的控制与调节装置应装在井道外面。

5　井道内应设置永久性电气照明，井道内照度应不得小于50 lx，井道最高点和最低点0.5 m以内应各装一盏灯，再设中间灯，并分别在机房和底坑设置一控制开关。

6　装有多台电梯的井道内各电梯的底坑之间应设置最低点离底坑地面不大于0.3 m，且至少延伸到最低层站楼面以上2.5 m高度的隔障，在隔障宽度方向上隔障与井道壁之间的间隙不应大于150 mm。

当轿顶边缘和相邻电梯运动部件（轿厢、对重或平衡重）之间的水平距离小于0.5 m时，隔障应延长贯穿整个井道的高度。隔障的宽度不得小于被保护的运动部件（或其部分）的宽度每边再各加0.1 m。

7　底坑内应有良好的防渗、防漏水保护，底坑内不得有积水。

8　每层楼面应有水平面基准标识。

4.3　驱动主机

主控项目

4.3.1　紧急操作装置动作必须正常。可拆卸的装置必须置于驱动主机附近易接近处，紧急救援操作说明必须贴于紧急操作时易见处。

一般项目

4.3.2　当驱动主机承重梁需埋入承重墙时，埋入端长度应超过墙厚中心至少20 mm，且支承长度不应小于75 mm。

4.3.3　制动器动作应灵活，制动间隙调整应符合产品设计要求。

4.3.4　驱动主机、驱动主机底座与承重梁的安装应符合产品设计要求。

4.3.5　驱动主机减速箱（如果有）内油量应在油标所限定的范围内。

4.3.6　机房内钢丝绳与楼板孔洞边间隙应为20～40 mm，通向井道的孔洞四周应设置高度不小于50 mm的台缘。

4.4　导　轨

主控项目

4.4.1　导轨安装位置必须符合土建布置图要求。

一般项目

4.4.2　两列导轨顶面间的距离偏差应为：轿厢导轨0～+2 mm；对重导轨0～+3 mm。

4.4.3　导轨支架在井道壁上的安装应固定可靠。预埋件应符合土建布置图要求。锚栓（如膨胀螺栓等）固定应在井道壁的混凝土构件上使用，其连接强度与承受振动的能力应满足电梯产品设计要求，混凝土构件的压缩强度应符合土建布置图要求。

4.4.4　每列导轨工作面（包括侧面与顶面）与安装基准线每5 m的偏差均不应大

于下列数值：

轿厢导轨和设有安全钳的对重（平衡重）导轨为0.6 mm，不设安全钳的对重（平衡重）导轨为1.0 mm。

4.4.5 轿厢导轨和设有安全钳的对重（平衡重）导轨工作面接头处不应有连续缝隙，导轨接头处台阶不应大于0.05 mm。如超过应修平，修平长度应大于150 mm。

4.4.6 不设安全钳的对重（平衡重）导轨接头处缝隙不应大于1.0 mm，导轨工作面接头处台阶不应大于0.15 mm。

4.5 门 系 统

主控项目

4.5.1 层门地坎至轿厢地坎之间的水平距离偏差为0～+3 mm，且最大距离严禁超过35 mm。

4.5.2 层门强迫关门装置必须动作正常。

4.5.3 动力操纵的水平滑动门在关门开始的1/3行程之后，阻止关门的力严禁超过150 N。

4.5.4 层门锁钩必须动作灵活，在证实锁紧的电气安全装置动作之前，锁紧元件的最小啮合长度为7 mm。

一般项目

4.5.5 门刀与层门地坎、门锁滚轮与轿厢地坎间隙不应小于5 mm。

4.5.6 层门地坎水平度不得大于2/1000，地坎应高出装修地面2～5 mm。

4.5.7 层门指示灯盒、召唤盒和消防开关盒应安装正确，其面板与墙面贴实，横竖端正。

4.5.8 门扇与门扇、门扇与门套、门扇与门楣、门扇与门口处轿壁、门扇下端与地坎的间隙，乘客电梯不应大于6 mm，载货电梯不应大于8 mm。

4.6 轿 厢

主控项目

4.6.1 当距轿底面在1.1 m以下使用玻璃轿壁时，必须在距轿底面0.9～1.1 m的高度安装扶手，且扶手必须独立地固定，不得与玻璃有关。

一般项目

4.6.2 当桥厢有反绳轮时，反绳轮应设置防护装置和挡绳装置。

4.6.3 当轿顶外侧边缘至井道壁水平方向的自由距离大于0.3 m时，轿顶应装设防护栏及警示性标识。

4.7 对重（平衡重）

一般项目

4.7.1 当对重（平衡重）架有反绳轮，反绳轮应设置防护装置和挡绳装置。

4.7.2 对重（平衡重）块应可靠固定。

4.8 安全部件

主控项目

4.8.1 限速器动作速度整定封记必须完好，且无拆动痕迹。

4.8.2 当安全钳可调节时，整定封记应完好，且无拆动痕迹。

一般项目

4.8.3 限速器张紧装置与其限位开关相对位置安装应正确。

4.8.4 安全钳与导轨的间隙应符合产品设计要求。

4.8.5 轿厢在两端站平层位置时，轿厢、对重的缓冲器撞板与缓冲器顶面间的距离应符合土建布置图要求。轿厢、对重的缓冲器撞板中心与缓冲器中心的偏差不应大于20 mm。

4.8.6 液压缓冲器柱塞铅垂度不应大于0.5%，充液量应正确。

4.9 悬挂装置、随行电缆、补偿装置

主控项目

4.9.1 绳头组合必须安全可靠，且每个绳头组合必须安装防螺母松动和脱落的装置。

4.9.2 钢丝绳严禁有死弯。

4.9.3 当轿厢悬挂在两根钢丝绳或链条上，且其中一根钢丝绳或链条发生异常相对伸长时，为此装设的电气安全开关应动作可靠。

4.9.4 随行电缆严禁有打结和波浪扭曲现象。

一般项目

4.9.5 每根钢丝绳张力与平均值偏差不应大于5%。

4.9.6 随行电缆的安装应符合下列规定：

1 随行电缆端部应固定可靠。

2　随行电缆在运行中应避免与井道内其他部件干涉。当轿厢完全压在缓冲器上时，随行电缆不得与底坑地面接触。

4.9.7　补偿绳、链、缆等补偿装置的端部应固定可靠。

4.9.8　对补偿绳的张紧轮，验证补偿绳张紧的电气安全开关应动作可靠。张紧轮应安装防护装置。

4.10　电气装置

主控项目

4.10.1　电气设备接地必须符合下列规定：

1　所有电气设备及导管、线槽的外露可导电部分均必须可靠接地（PE）；

2　接地支线应分别直接接至接地干线接线柱上，不得互相连接后再接地。

4.10.2　导体之间和导体对地之间的绝缘电阻必须大于 1000 Ω/V，且其值不得小于：

1　动力电路和电气安全装置电路：0.5 MΩ；

2　其他电路（控制、照明、信号等）：0.25 MΩ。

一般项目

4.10.3　主电源开关不应切断下列供电电路：

1　轿厢照明和通风；

2　机房和滑轮间照明；

3　机房、轿顶和底坑的电源插座；

4　井道照明；

5　报警装置。

4.10.4　机房和井道内应按产品要求配线。软线和无护套电缆应在导管、线槽或能确保起到等效防护作用的装置中使用。护套电缆和橡套软电缆可明敷于井道或机房内使用，但不得明敷于地面。

4.10.5　导管、线槽的敷设应整齐牢固。线槽内导线总面积不应大于线槽净面积 60%；导管内导线总面积不应大于导管内净面积 40%；软管固定间距不应大于 1 m，端头固定间距不应大于 0.1 m。

4.10.6　接地支线应采用黄绿相间的绝缘导线。

4.10.7　控制柜（屏）的安装位置应符合电梯土建布置图中的要求。

4.11 整机安装验收

主控项目

4.11.1 安全保护验收必须符合下列规定：

1 必须检查以下安全装置或功能：

1）断相、错相保护装置或功能。

当控制柜三相电源中任何一相断开或任何二相错接时，断相、错相保护装置或功能应使电梯不发生危险故障。

注：当错相不影响电梯正常运行时可没有错相保护装置或功能。

2）短路、过载保护装置。

动力电路、控制电路、安全电路必须有与负载匹配的短路保护装置；动力电路必须有过载保护装置。

3）限速器。

限速器上的轿厢（对重、平衡重）下行标志必须与轿厢（对重、平衡重）的实际下行方向相符。限速器铭牌上的额定速度、动作速度必须与被检电梯相符。限速器必须与其型式试验证书相符。

4）安全钳。

安全钳必须与其型式试验证书相符。

5）缓冲器。

缓冲器必须与其型式试验证书相符。

6）门锁装置。

门锁装置必须与其型式试验证书相符。

7）上、下极限开关。

上、下极限开关必须是安全触点，在端站位置进行动作试验时必须动作正常。在轿厢或对重（如果有）接触缓冲器之前必须动作，且缓冲器完全压缩时，保持动作状态。

8）轿顶、机房（如果有）、滑轮间（如果有）、底坑停止装置。

位于轿顶、机房（如果有）、滑轮间（如果有）、底坑的停止装置的动作必须正常。

2 下列安全开关，必须动作可靠：

1）限速器绳张紧开关；

2）液压缓冲器复位开关；

3）有补偿张紧轮时，补偿绳张紧开关；

4）当额定速度大于3.5 m/s时，补偿绳轮防跳开关；

5）轿厢安全窗（如果有）开关；

6）安全门、底坑门、检修活板门（如果有）的开关；

7）对可拆卸式紧急操作装置所需要的安全开关；

8）悬挂钢丝绳（链条）为两根时，防松动安全开关。

4.11.2 限速器安全钳联动试验必须符合下列规定：

1 限速器与安全钳电气开关在联动试验中必须动作可靠，且应使驱动主机立即制动。

2 对瞬时式安全钳，轿厢应载有均匀分布的额定载重量；对渐进式安全钳，轿厢应载有均匀分布的125%额定载重量。当短接限速器及安全钳电气开关，轿厢以检修速度下行，人为使限速器机械动作时，安全钳应可靠动作，轿厢必须可靠制动，且轿底倾斜度不应大于5%。

4.11.3 层门与轿门的试验必须符合下列规定：

1 每层层门必须能够用三角钥匙正常开启；

2 当一个层门或轿门（在多扇门中任何一扇门）非正常打开时，电梯严禁启动或继续运行。

4.11.4 曳引式电梯的曳引能力试验必须符合下列规定：

1 轿厢在行程上部范围空载上行及行程下部范围载有125%额定载重量下行，分别停层3次以上，轿厢必须可靠地制停（空载上行工况应平层）。轿厢载有125%额定载重量以正常运行速度下行时，切断电动机与制动器供电，电梯必须可靠制动。

2 当对重完全压在缓冲器上，且驱动主机按轿厢上行方向连续运转时，空载轿厢严禁向上提升。

一般项目

4.11.5 曳引式电梯的平衡系数应为0.4~0.5。

4.11.6 电梯安装后应进行运行试验；轿厢分别在空载、额定载荷工况下，按产品设计规定的每小时启动次数和负载持续率各运行1000次（每天不少于8 h），电梯应运行平稳、制动可靠、连续运行无故障。

4.11.7 噪声检验应符合下列规定：

1 机房噪声：对额定速度小于等于4 m/s的电梯，不应大于80 dB(A)；对额定速度大于4 m/s的电梯，不应大于85 dB(A)。

2 乘客电梯和病床电梯运行中轿内噪声：对额定速度小于等于4 m/s的电梯，不应大于55 dB(A)；对额定速度大于4 m/s的电梯，不应大于60 dB(A)。

3 乘客电梯和病床电梯的开关门过程噪声不应大于65 dB(A)。

4.11.8 平层准确度检验应符合下列规定：

1 额定速度小于等于0.63 m/s的交流双速电梯，应在±15 mm的范围内；

2 额定速度大于0.63 m/s且小于等于1.0 m/s的交流双速电梯，应在±30 mm的范围内；

3　其他调速方式的电梯，应在 ±15 mm 的范围内。

4.11.9　运行速度检验应符合下列规定：

当电源为额定频率和额定电压、轿厢载有 50% 额定载荷时，向下运行至行程中段（除去加速加减速段）时的速度，不应大于额定速度的 105%，且不应小于额定速度的 92%。

4.11.10　观感检查应符合下列规定：

1　轿门带动层门开、关运行，门扇与门扇、门扇与门套、门扇与门楣、门扇与门口处轿壁、门扇下端与地坎应无刮碰现象；

2　门扇与门扇、门扇与门套、门扇与门楣、门扇与门口处轿壁、门扇下端与地坎之间各自的间隙在整个长度上应基本一致；

3　对机房（如果有）、导轨支架、底坑、轿顶、轿内、轿门、层门及门地坎等部位应进行清理。

5　液压电梯安装工程质量验收

5.1　设备进场验收

主控项目

5.1.1　随机文件必须包括下列资料：

1　土建布置图；

2　产品出厂合格证；

3　门锁装置、限速器（如果有）、安全钳（如果有）及缓冲器（如果有）的型式试验合格证书复印件。

一般项目

5.1.2　随机文件还应包括下列资料：

1　装箱单；

2　安装、使用维护说明书；

3　动力电路和安全电路的电气原理图；

4　液压系统原理图。

5.1.3　设备零部件应与装箱单内容相符。

5.1.4　设备外观不应存在明显的损坏。

5.2 土建交接检验

5.2.1 土建交接检验应符合本规范第4.2节的规定。

5.3 液压系统

主控项目

5.3.1 液压泵站及液压顶升机构的安装必须按土建布置图进行。顶升机构必须安装牢固，缸体垂直度严禁大于0.4‰。

一般项目

5.3.2 液压管路应可靠联接，且无渗漏现象。

5.3.3 液压泵站油位显示应清晰、准确。

5.3.4 显示系统工作压力的压力表应清晰、准确。

5.4 导 轨

5.4.1 导轨安装应符合本规范第4.4节的规定。

5.5 门 系 统

5.5.1 门系统安装应符合本规范第4.5节的规定。

5.6 轿 厢

5.6.1 轿厢安装应符合本规范第4.6节的规定。

5.7 平 衡 重

5.7.1 如果有平衡重，应符合本规范第4.7节的规定。

5.8 安全部件

5.8.1 如果有限速器、安全钳或缓冲器，应符合本规范第4.8节的有关规定。

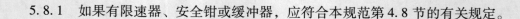

5.9 悬挂装置、随行电缆

主控项目

5.9.1 如果有绳头组合，必须符合本规范第4.9.1条的规定。

5.9.2 如果有钢丝绳，严禁有死弯。

5.9.3 当轿厢悬挂在两根钢丝绳或链条上，其中一根钢丝绳或链条发生异常相对伸长时，为此装设的电气安全开关必须动作可靠。对具有两个或多个液压顶升机构的液压电梯，每一组悬挂钢丝绳均应符合上述要求。

5.9.4 随行电缆严禁有打结和波浪扭曲现象。

一般项目

5.9.5 如果有钢丝绳或链条，每根张力与平均值偏差不应大于5%。

5.9.6 随行电缆的安装还应符合下列规定：

1 随行电缆端部应固定可靠。

2 随行电缆在运行中应避免与井道内其他部件干涉。当轿厢完全压在缓冲器上时，随行电缆不得与底坑地面接触。

5.10 电气装置

5.10.1 电气装置安装应符合本规范第4.10节的规定。

5.11 整机安装验收

主控项目

5.11.1 液压电梯安全保护验收必须符合下列规定：

1 必须检查以下安全装置或功能：

1）断相、错相保护装置或功能。

当控制柜三相电源中任何一相断开或任何二相错接时，断相、错相保护装置或功能应使电梯不发生危险故障。

注：当错相不影响电梯正常运行时可没有错相保护装置或功能。

2）短路、过载保护装置。

动力电路、控制电路、安全电路必须有与负载匹配的短路保护装置，动力电路必须有过载保护装置。

3）防止轿厢坠落、超速下降的装置。

液压电梯必须装有防止轿厢坠落、超速下降的装置，且各装置必须与其型式试验证书相符。

4）门锁装置。

门锁装置必须与其型式试验证书相符。

5）上极限开关。

上极限开关必须是安全触点，在端站位置进行动作试验时必须动作正常。它必须在柱塞接触到其缓冲制停装置之前动作，且柱塞处于缓冲制停区时保持动作状态。

6）机房、滑轮间（如果有）、轿顶、底坑停止装置。

位于轿顶、机房、滑轮间（如果有）、底坑的停止装置的动作必须正常。

7）液压油温升保护装置。

当液压油达到产品设计温度时，温升保护装置必须动作，使液压电梯停止运行。

8）移动轿厢的装置。

在停电或电气系统发生故障时，移动轿厢的装置必须能移动轿厢上行或下行，且下行时还必须装设防止顶升机构与轿厢运动相脱离的装置。

2 下列安全开关，必须动作可靠：

1）限速器（如果有）张紧开关；

2）液压缓冲器（如果有）复位开关；

3）轿厢安全窗（如果有）开关；

4）安全门、底坑门、检修活板门（如果有）的开关；

5）悬挂钢丝绳（链条）为两根时，防松动安全开关。

5.11.2 限速器（安全绳）安全钳联动试验必须符合下列规定：

1 限速器（安全绳）与安全钳电气开关在联动试验中必须动作可靠，且应使电梯停止运行。

2 联动试验时轿厢载荷及速度应符合下列规定：

1）当液压电梯额定载重量与轿厢最大有效面积符合表5.11.2的规定时，轿厢应载有均匀分布的额定载重量；当液压电梯额定载重量小于表5.11.2规定的轿厢最大有效面积对应的额定载重量时，轿厢应载有均匀分布的125%的液压电梯额定载重量，但该载荷不应超过表5.11.2规定的轿厢最大有效面积对应的额定载重量。

2）对瞬时式安全钳，轿厢应以额定速度下行；对渐进式安全钳，轿厢应以检修速度下行。

3 当装有限速器安全钳时，使下行阀保持开启状态（直到钢丝绳松弛为止）的同时，人为使限速器机械动作，安全钳应可靠动作，轿厢必须可靠制动，且轿底倾斜度不应大于5%。

4 当装有安全绳安全钳时，使下行阀保持开启状态（直到钢丝绳松弛为止）的同时，人为使安全绳机械动作，安全钳应可靠动作，轿厢必须可靠制动，且轿底倾斜度不应大于5%。

表 5.11.2 额定载重量与轿厢最大有效面积之间关系

额定载重量/kg	轿厢最大有效面积/m^2	额定载重量/kg	轿厢最大有效面积/m^2	额定载重量/kg	轿厢最大有效面积/m^2	额定载重量/kg	轿厢最大有效面积/m^2
100[1]	0.37	525	1.45	900	2.20	1275	2.95
180[2]	0.58	600	1.60	975	2.35	1350	3.10
225	0.70	630	1.66	1000	2.40	1425	3.25
300	0.90	675	1.75	1050	2.50	1500	3.40
375	1.10	750	1.90	1125	2.65	1600	3.56
400	1.17	800	2.00	1200	2.80	2000	4.20
450	1.30	825	2.05	1250	2.90	2500[3]	5.00

注：1 一人电梯的最小值；

2 二人电梯的最小值；

3 额定载重量超过 2500 kg 时，每增加 100 kg 面积增加 0.16 m^2，对中间的载重量其面积由线性插入法确定。

5.11.3 层门与轿门的试验符合下列规定：

层门与轿门的试验必须符合本规范第 4.11.3 条的规定。

5.11.4 超载试验必须符合下列规定：

当轿厢载有 120% 额定载荷时液压电梯严禁启动。

一般项目

5.11.5 液压电梯安装后应进行运行试验；轿厢在额定载重量工况下，按产品设计规定的每小时启动次数运行 1000 次（每天不少于 8 h），液压电梯应平稳、制动可靠、连续运行无故障。

5.11.6 噪声检验应符合下列规定：

1 液压电梯的机房噪声不应大于 85 dB(A)；

2 乘客液压电梯和病床液压电梯运行中轿内噪声不应大于 55 dB(A)；

3 乘客液压电梯和病床液压电梯的开关门过程噪声不应大于 65 dB(A)。

5.11.7 平层准确度检验应符合下列规定：

液压电梯平层准确度应在 ±15 mm 范围内。

5.11.8 运行速度检验应符合下列规定：

空载轿厢上行速度与上行额定速度的差值不应大于上行额定速度的8%，载有额定载重量的轿厢下行速度与下行额定速度的差值不应大于下行额定速度的8%。

5.11.9　额定载重量沉降量试验应符合下列规定：

载有额定载重量的轿厢停靠在最高层站时，停梯10 min，沉降量不应大于10 mm，但因油温变化而引起的油体积缩小所造成的沉降不包括在10 mm内。

5.11.10　液压泵站溢流阀压力检查应符合下列规定：

液压泵站上的溢流阀应设定在系统压力为满载压力的140%～170%时动作。

5.11.11　超压静载试验应符合下列规定：

将截止阀关闭，在轿内施加200%的额定载荷，持续5 min后，液压系统应完好无损。

5.11.12　观感检查应符合本规范第4.11.10条的规定。

6　自动扶梯、自动人行道安装工程质量验收

6.1　设备进场验收

主控项目

6.1.1　必须提供以下资料：

1　技术资料。

1）梯级或踏板的型式试验报告复印件，或胶带的断裂强度证明文件复印件；

2）对公共交通型自动扶梯、自动人行道应有扶手带的断裂强度证书复印件。

2　随机文件。

1）土建布置图；

2）产品出厂合格证。

一般项目

6.1.2　随机文件还应提供以下资料：

1　装箱单；

2　安装、使用维护说明书；

3　动力电路和安全电路的电气原理图。

6.1.3　设备零部件应与装箱单内容相符。

6.1.4　设备外观不应存在明显的损坏。

6.2 土建交接检验

主控项目

6.2.1 自动扶梯的梯级或自动人行道的踏板或胶带上空，垂直净高度严禁小于2.3 m。

6.2.2 在安装之前，井道周围必须设有保证安全的栏杆或屏障，其高度严禁小于1.2 m。

一般项目

6.2.3 土建工程应按照土建布置图进行施工，且其主要尺寸允许误差应为：提升高度 -15 ~ +15 mm，跨度 0 ~ +15 mm。

6.2.4 根据产品供应商的要求应提供设备进场所需的通道和搬运空间。

6.2.5 在安装之前，土建施工单位应提供明显的水平基准线标识。

6.2.6 电源零线和接地线应始终分开。接地装置的接地电阻值不应大于4 Ω。

6.3 整机安装验收

主控项目

6.3.1 在下列情况下，自动扶梯、自动人行道必须自动停止运行，且第4款至第11款情况下的开关断开的动作必须通过安全触点或安全电路来完成。

1 无控制电压；

2 电路接地的故障；

3 过载；

4 控制装置在超速和运行方向非操纵逆转下动作；

5 附加制动器（如果有）动作；

6 直接驱动梯级、踏板或胶带的部件（如链条或齿条）断裂或过分伸长；

7 驱动装置与转向装置之间的距离（无意性）缩短；

8 梯级、踏板或胶带进入梳齿板处有异物夹住，且产生损坏梯级、踏板或胶带支撑结构；

9 无中间出口的连续安装的多台自动扶梯、自动人行道中的一台停止运行；

10 扶手带入口保护装置动作；

11 梯级或踏板下陷。

6.3.2 应测量不同回路导线对地的绝缘电阻。测量时，电子元件应断开。导体之间和导体对地之间的绝缘电阻应大于1000 Ω/ V，且其值必须大于：

1　动力电路和电气安全装置电路 0.5 MΩ；

2　其他电路（控制、照明、信号等）0.25 MΩ。

6.3.3　电气设备接地必须符合本规范第 4.10.1 条的规定。

一般项目

6.3.4　整机安装检查应符合下列规定：

1　梯级、踏板、胶带的楞齿及梳齿板应完整、光滑。

2　在自动扶梯、自动人行道入口处应设置使用须知的标牌。

3　内盖板、外盖板、围裙板、扶手支架、扶手导轨、护壁板接缝应平整。接缝处的凸台不应大于 0.5 mm。

4　梳齿板梳齿与踏板面齿槽的啮合深度不应小于 6 mm。

5　梳齿板梳齿与踏板面齿槽的间隙不应小于 4 mm。

6　围裙板与梯级、踏板或胶带任何一侧的水平间隙不应大于 4 mm，两边的间隙之和不应大于 7 mm。当自动人行道的围裙板设置在踏板或胶带之上时，踏板表面与围裙板下端之间的垂直间隙不应大于 4 mm。当踏板或胶带有横向摆动时，踏板或胶带的侧边与围裙板垂直投影之间不得产生间隙。

7　梯级间或踏板间的间隙在工作区段内的任何位置，从踏面测得的两个相邻梯级或两个相邻踏板之间的间隙不应大于 6 mm。在自动人行道过渡曲线区段，踏板的前缘和相邻踏板的后缘啮合，其间隙不应大于 8 mm。

8　护壁板之间的空隙不应大于 4 mm。

6.3.5　性能试验应符合下列规定：

1　在额定频率和额定电压下，梯级、踏板或胶带沿运行方向空载时的速度与额定速度之间的允许偏差为 ±5%；

2　扶手带的运行速度相对梯级、踏板或胶带的速度允许偏差为 0 ~ +2%。

6.3.6　自动扶梯、自动人行道制动试验应符合下列规定：

1　自动扶梯、自动人行道应进行空载制动试验，制停距离应符合表 6.3.6－1 的规定。

表 6.3.6－1　制停距离

额定速度 / $(m \cdot s^{-1})$	制停距离范围/m	
	自动扶梯	自动人行道
0.5	0.20 ~ 1.00	0.20 ~ 1.00
0.65	0.30 ~ 1.30	0.30 ~ 1.30

续表 6.3.6－1

额定速度 /（$m \cdot s^{-1}$）	制停距离范围/m	
	自动扶梯	自动人行道
0.75	0.35～1.50	0.35～1.50
0.90	—	0.40～1.70

注：若速度在上述数值之间，制停距离用插入法计算。制停距离应从电气制动装置动作开始测量。

2 自动扶梯应进行载有制动载荷的制停距离试验（除非制停距离可以通过其他方法检验），制动载荷应符合表 6.3.6－2 的规定，制停距离应符合表 6.3.6－1 的规定；对自动人行道，制造商应提供按载有表 6.3.6－2 规定的制动载荷计算的制停距离，且制停距离应符合表 6.3.6－1 的规定。

表 6.3.6－2 制动载荷

梯级、踏板或胶带的名义宽度/m	自动扶梯每个梯级上的载荷/kg	自动人行道每 0.4 m 长度上的载荷/kg
$z \leqslant 0.6$	60	50
$0.6 < z \leqslant 0.8$	90	75
$0.8 < z \leqslant 1.1$	120	100

注：1 自动扶梯受载的梯级数量由提升高度除以最大可见梯级踢板高度求得，在试验时允许将总制动载荷分布在所求得的 2/3 的梯级上；

2 当自动人行道倾斜角度不大于 6°，踏板或胶带的名义宽度大于 1.1 m 时，宽度每增加 0.3 m，制动载荷应在每 0.4 m 长度上增加 25 kg；

3 当自动人行道在长度范围内有多个不同倾斜角度（高度不同）时，制动载荷应仅考虑到那些能组合成最不利载荷的水平区段和倾斜区段。

6.3.7 电气装置还应符合下列规定：

1 主电源开关不应切断电源插座、检修和维护所必需的照明电源。

2 配线应符合本规范第 4.10.4、4.10.5、4.10.6 条的规定。

6.3.8 观感检查应符合下列规定：

1 上行和下行自动扶梯、自动人行道，梯级、踏板或胶带与围裙板之间应无刮碰现象（梯级、踏板或胶带上的导向部分与围裙板接触除外），扶手带外表面应无刮痕。

2 对梯级（踏板或胶带）、梳齿板、扶手带、护壁板、围裙板、内外盖板、前沿板及活动盖板等部位的外表面应进行清理。

7　分部（子分部）工程质量验收

7.0.1　分项工程质量验收合格应符合下列规定：

1　各分项工程中的主控项目应进行全验，一般项目应进行抽验，且均应符合合格质量规定。可按附录C表C记录。

2　应具有完整的施工操作依据、质量检查记录。

7.0.2　分部（子分部）工程质量验收合格应符合下列规定：

1　子分部工程所含分项工程的质量均应验收合格且验收记录应完整。子分部可按附录D表D记录。

2　分部工程所含子分部工程的质量均应验收合格。分部工程质量验收可按附录E表E记录汇总。

3　质量控制资料应完整。

4　观感质量应符合本规范要求。

7.0.3　当电梯安装工程质量不合格时，应按下列规定处理：

1　经返工重做、调整或更换部件的分项工程，应重新验收；

2　通过以上措施仍不能达到本规范要求的电梯安装工程，不得验收合格。

（附录A至附录E省略）

附录二 特种设备安全监察条例

中华人民共和国国务院令第 549 号

（2003 年 3 月 11 日中华人民共和国国务院令第 373 号公布，根据 2009 年 1 月 24 日《国务院关于修改〈特种设备安全监察条例〉的决定》修订）

第一章 总 则

第一条 为了加强特种设备的安全监察，防止和减少事故，保障人民群众生命和财产安全，促进经济发展，制定本条例。

第二条 本条例所称特种设备是指涉及生命安全、危险性较大的锅炉、压力容器（含气瓶，下同）、压力管道、电梯、起重机械、客运索道、大型游乐设施和场（厂）内专用机动车辆。

前款特种设备的目录由国务院负责特种设备安全监督管理的部门（以下简称国务院特种设备安全监督管理部门）制定，报国务院批准后执行。

第三条 特种设备的生产（含设计、制造、安装、改造、维修，下同）、使用、检验检测及其监督检查，应当遵守本条例，但本条例另有规定的除外。

军事装备、核设施、航空航天器、铁路机车、海上设施和船舶以及矿山井下使用的特种设备、民用机场专用设备的安全监察不适用本条例。

房屋建筑工地和市政工程工地用起重机械、场（厂）内专用机动车辆的安装、使用的监督管理，由建设行政主管部门依照有关法律、法规的规定执行。

第四条 国务院特种设备安全监督管理部门负责全国特种设备的安全监察工作，县以上地方负责特种设备安全监督管理的部门对本行政区域内特种设备实施安全监察（以下统称特种设备安全监督管理部门）。

第五条 特种设备生产、使用单位应当建立健全特种设备安全、节能管理制度和岗位安全、节能责任制度。

特种设备生产、使用单位的主要负责人应当对本单位特种设备的安全和节能全面负责。

特种设备生产、使用单位和特种设备检验检测机构，应当接受特种设备安全监督管理部门依法进行的特种设备安全监察。

第六条 特种设备检验检测机构，应当依照本条例规定，进行检验检测工作，对其检验检测结果、鉴定结论承担法律责任。

第七条　县级以上地方人民政府应当督促、支持特种设备安全监督管理部门依法履行安全监察职责，对特种设备安全监察中存在的重大问题及时予以协调、解决。

第八条　国家鼓励推行科学的管理方法，采用先进技术，提高特种设备安全性能和管理水平，增强特种设备生产、使用单位防范事故的能力，对取得显著成绩的单位和个人，给予奖励。

国家鼓励特种设备节能技术的研究、开发、示范和推广，促进特种设备节能技术创新和应用。

特种设备生产、使用单位和特种设备检验检测机构，应当保证必要的安全和节能投入。

国家鼓励实行特种设备责任保险制度，提高事故赔付能力。

第九条　任何单位和个人对违反本条例规定的行为，有权向特种设备安全监督管理部门和行政监察等有关部门举报。

特种设备安全监督管理部门应当建立特种设备安全监察举报制度，公布举报电话、信箱或者电子邮件地址，受理对特种设备生产、使用和检验检测违法行为的举报，并及时予以处理。

特种设备安全监督管理部门和行政监察等有关部门应当为举报人保密，并按照国家有关规定给予奖励。

第二章　特种设备的生产

第十条　特种设备生产单位，应当依照本条例规定以及国务院特种设备安全监督管理部门制定并公布的安全技术规范（以下简称安全技术规范）的要求，进行生产活动。

特种设备生产单位对其生产的特种设备的安全性能和能效指标负责，不得生产不符合安全性能要求和能效指标的特种设备，不得生产国家产业政策明令淘汰的特种设备。

第十一条　压力容器的设计单位应当经国务院特种设备安全监督管理部门许可，方可从事压力容器的设计活动。

压力容器的设计单位应当具备下列条件：

（一）有与压力容器设计相适应的设计人员、设计审核人员；

（二）有与压力容器设计相适应的场所和设备；

（三）有与压力容器设计相适应的健全的管理制度和责任制度。

第十二条　锅炉、压力容器中的气瓶（以下简称气瓶）、氧舱和客运索道、大型游乐设施以及高耗能特种设备的设计文件，应当经国务院特种设备安全监督管理部门核准的检验检测机构鉴定，方可用于制造。

第十三条　按照安全技术规范的要求，应当进行型式试验的特种设备产品、部件或者试制特种设备新产品、新部件、新材料，必须进行型式试验和能效测试。

第十四条　锅炉、压力容器、电梯、起重机械、客运索道、大型游乐设施及其安全附件、安全保护装置的制造、安装、改造单位，以及压力管道用管子、管件、阀门、法兰、补偿器、安全保护装置等（以下简称压力管道元件）的制造单位和场（厂）内专用机动车辆的制造、改造单位，应当经国务院特种设备安全监督管理部门许可，方可从事相应的活动。

前款特种设备的制造、安装、改造单位应当具备下列条件：

（一）有与特种设备制造、安装、改造相适应的专业技术人员和技术工人；

（二）有与特种设备制造、安装、改造相适应的生产条件和检测手段；

（三）有健全的质量管理制度和责任制度。

第十五条　特种设备出厂时，应当附有安全技术规范要求的设计文件、产品质量合格证明、安装及使用维修说明、监督检验证明等文件。

第十六条　锅炉、压力容器、电梯、起重机械、客运索道、大型游乐设施、场（厂）内专用机动车辆的维修单位，应当有与特种设备维修相适应的专业技术人员和技术工人以及必要的检测手段，并经省、自治区、直辖市特种设备安全监督管理部门许可，方可从事相应的维修活动。

第十七条　锅炉、压力容器、起重机械、客运索道、大型游乐设施的安装、改造、维修以及场（厂）内专用机动车辆的改造、维修，必须由依照本条例取得许可的单位进行。

电梯的安装、改造、维修，必须由电梯制造单位或者其通过合同委托、同意的依照本条例取得许可的单位进行。电梯制造单位对电梯质量以及安全运行涉及的质量问题负责。

特种设备安装、改造、维修的施工单位应当在施工前将拟进行的特种设备安装、改造、维修情况书面告知直辖市或者设区的市的特种设备安全监督管理部门，告知后即可施工。

第十八条　电梯井道的土建工程必须符合建筑工程质量要求。电梯安装施工过程中，电梯安装单位应当遵守施工现场的安全生产要求，落实现场安全防护措施。电梯安装施工过程中，施工现场的安全生产监督，由有关部门依照有关法律、行政法规的规定执行。

电梯安装施工过程中，电梯安装单位应当服从建筑施工总承包单位对施工现场的安全生产管理，并订立合同，明确各自的安全责任。

第十九条　电梯的制造、安装、改造和维修活动，必须严格遵守安全技术规范的要求。电梯制造单位委托或者同意其他单位进行电梯安装、改造、维修活动的，应当对其安装、改造、维修活动进行安全指导和监控。电梯的安装、改造、维修活动结束后，电梯制造单位应当按照安全技术规范的要求对电梯进行校验和调试，并对校验和调试的结果负责。

第二十条　锅炉、压力容器、电梯、起重机械、客运索道、大型游乐设施的安装、改造、维修以及场（厂）内专用机动车辆的改造、维修竣工后，安装、改造、维修的施工单位应当在验收后30日内将有关技术资料移交使用单位，高耗能特种设备还应当按照安全技术规范的要求提交能效测试报告。使用单位应当将其存入该特种设备的安全技术档案。

第二十一条　锅炉、压力容器、压力管道元件、起重机械、大型游乐设施的制造过程和锅炉、压力容器、电梯、起重机械、客运索道、大型游乐设施的安装、改造、重大维修过程，必须经国务院特种设备安全监督管理部门核准的检验检测机构按照安全技术规范的要求进行监督检验；未经监督检验合格的不得出厂或者交付使用。

第二十二条　移动式压力容器、气瓶充装单位应当经省、自治区、直辖市的特种设备安全监督管理部门许可，方可从事充装活动。

充装单位应当具备下列条件：

（一）有与充装和管理相适应的管理人员和技术人员；

（二）有与充装和管理相适应的充装设备、检测手段、场地厂房、器具、安全设施；

（三）有健全的充装管理制度、责任制度、紧急处理措施。

气瓶充装单位应当向气体使用者提供符合安全技术规范要求的气瓶，对使用者进行气瓶安全使用指导，并按照安全技术规范的要求办理气瓶使用登记，提出气瓶的定期检验要求。

第三章　特种设备的使用

第二十三条　特种设备使用单位，应当严格执行本条例和有关安全生产的法律、行政法规的规定，保证特种设备的安全使用。

第二十四条　特种设备使用单位应当使用符合安全技术规范要求的特种设备。特种设备投入使用前，使用单位应当核对其是否附有本条例第十五条规定的相关文件。

第二十五条　特种设备在投入使用前或者投入使用后30日内，特种设备使用单位应当向直辖市或者设区的市的特种设备安全监督管理部门登记。登记标志应当置于或者附着于该特种设备的显著位置。

第二十六条　特种设备使用单位应当建立特种设备安全技术档案。安全技术档案应当包括以下内容：

（一）特种设备的设计文件、制造单位、产品质量合格证明、使用维护说明等文件以及安装技术文件和资料；

（二）特种设备的定期检验和定期自行检查的记录；

（三）特种设备的日常使用状况记录；

（四）特种设备及其安全附件、安全保护装置、测量调控装置及有关附属仪器仪表的日常维护保养记录；

（五）特种设备运行故障和事故记录；

（六）高耗能特种设备的能效测试报告、能耗状况记录以及节能改造技术资料。

第二十七条　特种设备使用单位应当对在用特种设备进行经常性日常维护保养，并定期自行检查。

特种设备使用单位对在用特种设备应当至少每月进行一次自行检查，并作出记录。特种设备使用单位在对在用特种设备进行自行检查和日常维护保养时发现异常情况的，应当及时处理。

特种设备使用单位应当对在用特种设备的安全附件、安全保护装置、测量调控装置及有关附属仪器仪表进行定期校验、检修，并作出记录。

锅炉使用单位应当按照安全技术规范的要求进行锅炉水（介）质处理，并接受特种设备检验检测机构实施的水（介）质处理定期检验。

从事锅炉清洗的单位，应当按照安全技术规范的要求进行锅炉清洗，并接受特种设备检验检测机构实施的锅炉清洗过程监督检验。

第二十八条　特种设备使用单位应当按照安全技术规范的定期检验要求，在安全检验合格有效期届满前 1 个月向特种设备检验检测机构提出定期检验要求。

检验检测机构接到定期检验要求后，应当按照安全技术规范的要求及时进行安全性能检验和能效测试。

未经定期检验或者检验不合格的特种设备，不得继续使用。

第二十九条　特种设备出现故障或者发生异常情况，使用单位应当对其进行全面检查，消除事故隐患后，方可重新投入使用。

特种设备不符合能效指标的，特种设备使用单位应当采取相应措施进行整改。

第三十条　特种设备存在严重事故隐患，无改造、维修价值，或者超过安全技术规范规定使用年限，特种设备使用单位应当及时予以报废，并应当向原登记的特种设备安全监督管理部门办理注销。

第三十一条　电梯的日常维护保养必须由依照本条例取得许可的安装、改造、维修单位或者电梯制造单位进行。

电梯应当至少每 15 日进行一次清洁、润滑、调整和检查。

第三十二条　电梯的日常维护保养单位应当在维护保养中严格执行国家安全技术规

范的要求，保证其维护保养的电梯的安全技术性能，并负责落实现场安全防护措施，保证施工安全。

电梯的日常维护保养单位，应当对其维护保养的电梯的安全性能负责。接到故障通知后，应当立即赶赴现场，并采取必要的应急救援措施。

第三十三条　电梯、客运索道、大型游乐设施等为公众提供服务的特种设备运营使用单位，应当设置特种设备安全管理机构或者配备专职的安全管理人员；其他特种设备使用单位，应当根据情况设置特种设备安全管理机构或者配备专职、兼职的安全管理人员。

特种设备的安全管理人员应当对特种设备使用状况进行经常性检查，发现问题的应当立即处理；情况紧急时，可以决定停止使用特种设备并及时报告本单位有关负责人。

第三十四条　客运索道、大型游乐设施的运营使用单位在客运索道、大型游乐设施每日投入使用前，应当进行试运行和例行安全检查，并对安全装置进行检查确认。

电梯、客运索道、大型游乐设施的运营使用单位应当将电梯、客运索道、大型游乐设施的安全注意事项和警示标志置于易于为乘客注意的显著位置。

第三十五条　客运索道、大型游乐设施的运营使用单位的主要负责人应当熟悉客运索道、大型游乐设施的相关安全知识，并全面负责客运索道、大型游乐设施的安全使用。

客运索道、大型游乐设施的运营使用单位的主要负责人至少应当每月召开一次会议，督促、检查客运索道、大型游乐设施的安全使用工作。

客运索道、大型游乐设施的运营使用单位，应当结合本单位的实际情况，配备相应数量的营救装备和急救物品。

第三十六条　电梯、客运索道、大型游乐设施的乘客应当遵守使用安全注意事项的要求，服从有关工作人员的指挥。

第三十七条　电梯投入使用后，电梯制造单位应当对其制造的电梯的安全运行情况进行跟踪调查和了解，对电梯的日常维护保养单位或者电梯的使用单位在安全运行方面存在的问题，提出改进建议，并提供必要的技术帮助。发现电梯存在严重事故隐患的，应当及时向特种设备安全监督管理部门报告。电梯制造单位对调查和了解的情况，应当作出记录。

第三十八条　锅炉、压力容器、电梯、起重机械、客运索道、大型游乐设施、场（厂）内专用机动车辆的作业人员及其相关管理人员（以下统称特种设备作业人员），应当按照国家有关规定经特种设备安全监督管理部门考核合格，取得国家统一格式的特种作业人员证书，方可从事相应的作业或者管理工作。

第三十九条　特种设备使用单位应当对特种设备作业人员进行特种设备安全、节能教育和培训，保证特种设备作业人员具备必要的特种设备安全、节能知识。

特种设备作业人员在作业中应当严格执行特种设备的操作规程和有关的安全规章制度。

第四十条　特种设备作业人员在作业过程中发现事故隐患或者其他不安全因素，应当立即向现场安全管理人员和单位有关负责人报告。

第四章　检验检测

第四十一条　从事本条例规定的监督检验、定期检验、型式试验以及专门为特种设备生产、使用、检验检测提供无损检测服务的特种设备检验检测机构，应当经国务院特种设备安全监督管理部门核准。

特种设备使用单位设立的特种设备检验检测机构，经国务院特种设备安全监督管理部门核准，负责本单位核准范围内的特种设备定期检验工作。

第四十二条　特种设备检验检测机构，应当具备下列条件：

（一）有与所从事的检验检测工作相适应的检验检测人员；

（二）有与所从事的检验检测工作相适应的检验检测仪器和设备；

（三）有健全的检验检测管理制度、检验检测责任制度。

第四十三条　特种设备的监督检验、定期检验、型式试验和无损检测应当由依照本条例经核准的特种设备检验检测机构进行。

特种设备检验检测工作应当符合安全技术规范的要求。

第四十四条　从事本条例规定的监督检验、定期检验、型式试验和无损检测的特种设备检验检测人员应当经国务院特种设备安全监督管理部门组织考核合格，取得检验检测人员证书，方可从事检验检测工作。

检验检测人员从事检验检测工作，必须在特种设备检验检测机构执业，但不得同时在两个以上检验检测机构中执业。

第四十五条　特种设备检验检测机构和检验检测人员进行特种设备检验检测，应当遵循诚信原则和方便企业的原则，为特种设备生产、使用单位提供可靠、便捷的检验检测服务。

特种设备检验检测机构和检验检测人员对涉及的被检验检测单位的商业秘密，负有保密义务。

第四十六条　特种设备检验检测机构和检验检测人员应当客观、公正、及时地出具检验检测结果、鉴定结论。检验检测结果、鉴定结论经检验检测人员签字后，由检验检测机构负责人签署。

特种设备检验检测机构和检验检测人员对检验检测结果、鉴定结论负责。

国务院特种设备安全监督管理部门应当组织对特种设备检验检测机构的检验检测结

果、鉴定结论进行监督抽查。县以上地方负责特种设备安全监督管理的部门在本行政区域内也可以组织监督抽查，但是要防止重复抽查。监督抽查结果应当向社会公布。

第四十七条　特种设备检验检测机构和检验检测人员不得从事特种设备的生产、销售，不得以其名义推荐或者监制、监销特种设备。

第四十八条　特种设备检验检测机构进行特种设备检验检测，发现严重事故隐患或者能耗严重超标的，应当及时告知特种设备使用单位，并立即向特种设备安全监督管理部门报告。

第四十九条　特种设备检验检测机构和检验检测人员利用检验检测工作故意刁难特种设备生产、使用单位，特种设备生产、使用单位有权向特种设备安全监督管理部门投诉，接到投诉的特种设备安全监督管理部门应当及时进行调查处理。

第五章　监督检查

第五十条　特种设备安全监督管理部门依照本条例规定，对特种设备生产、使用单位和检验检测机构实施安全监察。

对学校、幼儿园以及车站、客运码头、商场、体育场馆、展览馆、公园等公众聚集场所的特种设备，特种设备安全监督管理部门应当实施重点安全监察。

第五十一条　特种设备安全监督管理部门根据举报或者取得的涉嫌违法证据，对涉嫌违反本条例规定的行为进行查处时，可以行使下列职权：

（一）向特种设备生产、使用单位和检验检测机构的法定代表人、主要负责人和其他有关人员调查、了解与涉嫌从事违反本条例的生产、使用、检验检测有关的情况；

（二）查阅、复制特种设备生产、使用单位和检验检测机构的有关合同、发票、账簿以及其他有关资料；

（三）对有证据表明不符合安全技术规范要求的或者有其他严重事故隐患、能耗严重超标的特种设备，予以查封或者扣押。

第五十二条　依照本条例规定实施许可、核准、登记的特种设备安全监督管理部门，应当严格依照本条例规定条件和安全技术规范要求对有关事项进行审查；不符合本条例规定条件和安全技术规范要求的，不得许可、核准、登记；在申请办理许可、核准期间，特种设备安全监督管理部门发现申请人未经许可从事特种设备相应活动或者伪造许可、核准证书的，不予受理或者不予许可、核准，并在1年内不再受理其新的许可、核准申请。

未依法取得许可、核准、登记的单位擅自从事特种设备的生产、使用或者检验检测活动的，特种设备安全监督管理部门应当依法予以处理。

违反本条例规定，被依法撤销许可的，自撤销许可之日起3年内，特种设备安全监督管理部门不予受理其新的许可申请。

第五十三条　特种设备安全监督管理部门在办理本条例规定的有关行政审批事项时，其受理、审查、许可、核准的程序必须公开，并应当自受理申请之日起30日内，作出许可、核准或者不予许可、核准的决定；不予许可、核准的，应当书面向申请人说明理由。

第五十四条　地方各级特种设备安全监督管理部门不得以任何形式进行地方保护和地区封锁，不得对已经依照本条例规定在其他地方取得许可的特种设备生产单位重复进行许可，也不得要求对依照本条例规定在其他地方检验检测合格的特种设备，重复进行检验检测。

第五十五条　特种设备安全监督管理部门的安全监察人员（以下简称特种设备安全监察人员）应当熟悉相关法律、法规、规章和安全技术规范，具有相应的专业知识和工作经验，并经国务院特种设备安全监督管理部门考核，取得特种设备安全监察人员证书。

特种设备安全监察人员应当忠于职守、坚持原则、秉公执法。

第五十六条　特种设备安全监督管理部门对特种设备生产、使用单位和检验检测机构实施安全监察时，应当有两名以上特种设备安全监察人员参加，并出示有效的特种设备安全监察人员证件。

第五十七条　特种设备安全监督管理部门对特种设备生产、使用单位和检验检测机构实施安全监察，应当对每次安全监察的内容、发现的问题及处理情况，作出记录，并由参加安全监察的特种设备安全监察人员和被检查单位的有关负责人签字后归档。被检查单位的有关负责人拒绝签字的，特种设备安全监察人员应当将情况记录在案。

第五十八条　特种设备安全监督管理部门对特种设备生产、使用单位和检验检测机构进行安全监察时，发现有违反本条例规定和安全技术规范要求的行为或者在用的特种设备存在事故隐患、不符合能效指标的，应当以书面形式发出特种设备安全监察指令，责令有关单位及时采取措施，予以改正或者消除事故隐患。紧急情况下需要采取紧急处置措施的，应当随后补发书面通知。

第五十九条　特种设备安全监督管理部门对特种设备生产、使用单位和检验检测机构进行安全监察，发现重大违法行为或者严重事故隐患时，应当在采取必要措施的同时，及时向上级特种设备安全监督管理部门报告。接到报告的特种设备安全监督管理部门应当采取必要措施，及时予以处理。

对违法行为、严重事故隐患或者不符合能效指标的处理需要当地人民政府和有关部门的支持、配合时，特种设备安全监督管理部门应当报告当地人民政府，并通知其他有关部门。当地人民政府和其他有关部门应当采取必要措施，及时予以处理。

第六十条　国务院特种设备安全监督管理部门和省、自治区、直辖市特种设备安全监督管理部门应当定期向社会公布特种设备安全以及能效状况。

公布特种设备安全以及能效状况，应当包括下列内容：

（一）特种设备质量安全状况；

（二）特种设备事故的情况、特点、原因分析、防范对策；

（三）特种设备能效状况；

（四）其他需要公布的情况。

第六章 事故预防和调查处理

第六十一条 有下列情形之一的，为特别重大事故：

（一）特种设备事故造成 30 人以上死亡，或者 100 人以上重伤（包括急性工业中毒，下同），或者 1 亿元以上直接经济损失的；

（二）600 兆瓦以上锅炉爆炸的；

（三）压力容器、压力管道有毒介质泄漏，造成 15 万人以上转移的；

（四）客运索道、大型游乐设施高空滞留 100 人以上并且时间在 48 小时以上的。

第六十二条 有下列情形之一的，为重大事故：

（一）特种设备事故造成 10 人以上 30 人以下死亡，或者 50 人以上 100 人以下重伤，或者 5000 万元以上 1 亿元以下直接经济损失的；

（二）600 兆瓦以上锅炉因安全故障中断运行 240 小时以上的；

（三）压力容器、压力管道有毒介质泄漏，造成 5 万人以上 15 万人以下转移的；

（四）客运索道、大型游乐设施高空滞留 100 人以上并且时间在 24 小时以上 48 小时以下的。

第六十三条 有下列情形之一的，为较大事故：

（一）特种设备事故造成 3 人以上 10 人以下死亡，或者 10 人以上 50 人以下重伤，或者 1000 万元以上 5000 万元以下直接经济损失的；

（二）锅炉、压力容器、压力管道爆炸的；

（三）压力容器、压力管道有毒介质泄漏，造成 1 万人以上 5 万人以下转移的；

（四）起重机械整体倾覆的；

（五）客运索道、大型游乐设施高空滞留人员 12 小时以上的。

第六十四条 有下列情形之一的，为一般事故：

（一）特种设备事故造成 3 人以下死亡，或者 10 人以下重伤，或者 1 万元以上 1000 万元以下直接经济损失的；

（二）压力容器、压力管道有毒介质泄漏，造成 500 人以上 1 万人以下转移的；

（三）电梯轿厢滞留人员 2 小时以上的；

（四）起重机械主要受力结构件折断或者起升机构坠落的；

（五）客运索道高空滞留人员 3.5 小时以上 12 小时以下的；

（六）大型游乐设施高空滞留人员 1 小时以上 12 小时以下的。

除前款规定外，国务院特种设备安全监督管理部门可以对一般事故的其他情形做出补充规定。

第六十五条　特种设备安全监督管理部门应当制定特种设备应急预案。特种设备使用单位应当制定事故应急专项预案，并定期进行事故应急演练。

压力容器、压力管道发生爆炸或者泄漏，在抢险救援时应当区分介质特性，严格按照相关预案规定程序处理，防止二次爆炸。

第六十六条　特种设备事故发生后，事故发生单位应当立即启动事故应急预案，组织抢救，防止事故扩大，减少人员伤亡和财产损失，并及时向事故发生地县以上特种设备安全监督管理部门和有关部门报告。

县以上特种设备安全监督管理部门接到事故报告，应当尽快核实有关情况，立即向所在地人民政府报告，并逐级上报事故情况。必要时，特种设备安全监督管理部门可以越级上报事故情况。对特别重大事故、重大事故，国务院特种设备安全监督管理部门应当立即报告国务院并通报国务院安全生产监督管理部门等有关部门。

第六十七条　特别重大事故由国务院或者国务院授权有关部门组织事故调查组进行调查。

重大事故由国务院特种设备安全监督管理部门会同有关部门组织事故调查组进行调查。

较大事故由省、自治区、直辖市特种设备安全监督管理部门会同有关部门组织事故调查组进行调查。

一般事故由设区的市的特种设备安全监督管理部门会同有关部门组织事故调查组进行调查。

第六十八条　事故调查报告应当由负责组织事故调查的特种设备安全监督管理部门的所在地人民政府批复，并报上一级特种设备安全监督管理部门备案。

有关机关应当按照批复，依照法律、行政法规规定的权限和程序，对事故责任单位和有关人员进行行政处罚，对负有事故责任的国家工作人员进行处分。

第六十九条　特种设备安全监督管理部门应当在有关地方人民政府的领导下，组织开展特种设备事故调查处理工作。

有关地方人民政府应当支持、配合上级人民政府或者特种设备安全监督管理部门的事故调查处理工作，并提供必要的便利条件。

第七十条　特种设备安全监督管理部门应当对发生事故的原因进行分析，并根据特种设备的管理和技术特点、事故情况对相关安全技术规范进行评估；需要制定或者修订相关安全技术规范的，应当及时制定或者修订。

第七十一条　本章所称的“以上”包括本数，所称的“以下”不包括本数。

第七章　法律责任

第七十二条　未经许可，擅自从事压力容器设计活动的，由特种设备安全监督管理部门予以取缔，处5万元以上20万元以下罚款；有违法所得的，没收违法所得；触犯刑律的，对负有责任的主管人员和其他直接责任人员依照刑法关于非法经营罪或者其他罪的规定，依法追究刑事责任。

第七十三条　锅炉、气瓶、氧舱和客运索道、大型游乐设施以及高耗能特种设备的设计文件，未经国务院特种设备安全监督管理部门核准的检验检测机构鉴定，擅自用于制造的，由特种设备安全监督管理部门责令改正，没收非法制造的产品，处5万元以上20万元以下罚款；触犯刑律的，对负有责任的主管人员和其他直接责任人员依照刑法关于生产、销售伪劣产品罪、非法经营罪或者其他罪的规定，依法追究刑事责任。

第七十四条　按照安全技术规范的要求应当进行型式试验的特种设备产品、部件或者试制特种设备新产品、新部件，未进行整机或者部件型式试验的，由特种设备安全监督管理部门责令限期改正；逾期未改正的，处2万元以上10万元以下罚款。

第七十五条　未经许可，擅自从事锅炉、压力容器、电梯、起重机械、客运索道、大型游乐设施、场（厂）内专用机动车辆及其安全附件、安全保护装置的制造、安装、改造以及压力管道元件的制造活动的，由特种设备安全监督管理部门予以取缔，没收非法制造的产品，已经实施安装、改造的，责令恢复原状或者责令限期由取得许可的单位重新安装、改造，处10万元以上50万元以下罚款；触犯刑律的，对负有责任的主管人员和其他直接责任人员依照刑法关于生产、销售伪劣产品罪、非法经营罪、重大责任事故罪或者其他罪的规定，依法追究刑事责任。

第七十六条　特种设备出厂时，未按照安全技术规范的要求附有设计文件、产品质量合格证明、安装及使用维修说明、监督检验证明等文件的，由特种设备安全监督管理部门责令改正；情节严重的，责令停止生产、销售，处违法生产、销售货值金额30%以下罚款；有违法所得的，没收违法所得。

第七十七条　未经许可，擅自从事锅炉、压力容器、电梯、起重机械、客运索道、大型游乐设施、场（厂）内专用机动车辆的维修或者日常维护保养的，由特种设备安全监督管理部门予以取缔，处1万元以上5万元以下罚款；有违法所得的，没收违法所得；触犯刑律的，对负有责任的主管人员和其他直接责任人员依照刑法关于非法经营罪、重大责任事故罪或者其他罪的规定，依法追究刑事责任。

第七十八条　锅炉、压力容器、电梯、起重机械、客运索道、大型游乐设施的安装、改造、维修的施工单位以及场（厂）内专用机动车辆的改造、维修单位，在施工前未将拟进行的特种设备安装、改造、维修情况书面告知直辖市或者设区的市的特种设备安全监督管理部门即行施工的，或者在验收后30日内未将有关技术资料移交锅炉、压力容器、电梯、起重机械、客运索道、大型游乐设施的使用单位的，由特种设备安全监督管理部门责令限期改正；逾期未改正的，处2000元以上1万元以下罚款。

第七十九条　锅炉、压力容器、压力管道元件、起重机械、大型游乐设施的制造过程和锅炉、压力容器、电梯、起重机械、客运索道、大型游乐设施的安装、改造、重大维修过程，以及锅炉清洗过程，未经国务院特种设备安全监督管理部门核准的检验检测机构按照安全技术规范的要求进行监督检验的，由特种设备安全监督管理部门责令改正，已经出厂的，没收违法生产、销售的产品，已经实施安装、改造、重大维修或者清洗的，责令限期进行监督检验，处5万元以上20万元以下罚款；有违法所得的，没收违法所得；情节严重的，撤销制造、安装、改造或者维修单位已经取得的许可，并由工商行政管理部门吊销其营业执照；触犯刑律的，对负有责任的主管人员和其他直接责任人员依照刑法关于生产、销售伪劣产品罪或者其他罪的规定，依法追究刑事责任。

第八十条　未经许可，擅自从事移动式压力容器或者气瓶充装活动的，由特种设备安全监督管理部门予以取缔，没收违法充装的气瓶，处10万元以上50万元以下罚款；有违法所得的，没收违法所得；触犯刑律的，对负有责任的主管人员和其他直接责任人员依照刑法关于非法经营罪或者其他罪的规定，依法追究刑事责任。

移动式压力容器、气瓶充装单位未按照安全技术规范的要求进行充装活动的，由特种设备安全监督管理部门责令改正，处2万元以上10万元以下罚款；情节严重的，撤销其充装资格。

第八十一条　电梯制造单位有下列情形之一的，由特种设备安全监督管理部门责令限期改正；逾期未改正的，予以通报批评：

（一）未依照本条例第十九条的规定对电梯进行校验、调试的；

（二）对电梯的安全运行情况进行跟踪调查和了解时，发现存在严重事故隐患，未及时向特种设备安全监督管理部门报告的。

第八十二条　已经取得许可、核准的特种设备生产单位、检验检测机构有下列行为之一的，由特种设备安全监督管理部门责令改正，处2万元以上10万元以下罚款；情节严重的，撤销其相应资格：

（一）未按照安全技术规范的要求办理许可证变更手续的；

（二）不再符合本条例规定或者安全技术规范要求的条件，继续从事特种设备生产、检验检测的；

（三）未依照本条例规定或者安全技术规范要求进行特种设备生产、检验检测的；

（四）伪造、变造、出租、出借、转让许可证书或者监督检验报告的。

第八十三条　特种设备使用单位有下列情形之一的，由特种设备安全监督管理部门责令限期改正；逾期未改正的，处2000元以上2万元以下罚款；情节严重的，责令停止使用或者停产停业整顿：

（一）特种设备投入使用前或者投入使用后30日内，未向特种设备安全监督管理部门登记，擅自将其投入使用的；

（二）未依照本条例第二十六条的规定，建立特种设备安全技术档案的；

（三）未依照本条例第二十七条的规定，对在用特种设备进行经常性日常维护保养和定期自行检查的，或者对在用特种设备的安全附件、安全保护装置、测量调控装置及有关附属仪器仪表进行定期校验、检修，并作出记录的；

（四）未按照安全技术规范的定期检验要求，在安全检验合格有效期届满前1个月向特种设备检验检测机构提出定期检验要求的；

（五）使用未经定期检验或者检验不合格的特种设备的；

（六）特种设备出现故障或者发生异常情况，未对其进行全面检查、消除事故隐患，继续投入使用的；

（七）未制定特种设备事故应急专项预案的；

（八）未依照本条例第三十一条第二款的规定，对电梯进行清洁、润滑、调整和检查的；

（九）未按照安全技术规范要求进行锅炉水（介）质处理的；

（十）特种设备不符合能效指标，未及时采取相应措施进行整改的。

特种设备使用单位使用未取得生产许可的单位生产的特种设备或者将非承压锅炉、非压力容器作为承压锅炉、压力容器使用的，由特种设备安全监督管理部门责令停止使用，予以没收，处2万元以上10万元以下罚款。

第八十四条　特种设备存在严重事故隐患，无改造、维修价值，或者超过安全技术规范规定的使用年限，特种设备使用单位未予以报废，并向原登记的特种设备安全监督管理部门办理注销的，由特种设备安全监督管理部门责令限期改正；逾期未改正的，处5万元以上20万元以下罚款。

第八十五条　电梯、客运索道、大型游乐设施的运营使用单位有下列情形之一的，由特种设备安全监督管理部门责令限期改正；逾期未改正的，责令停止使用或者停产停业整顿，处1万元以上5万元以下罚款：

（一）客运索道、大型游乐设施每日投入使用前，未进行试运行和例行安全检查，并对安全装置进行检查确认的；

（二）未将电梯、客运索道、大型游乐设施的安全注意事项和警示标志置于易于为乘客注意的显著位置的。

第八十六条　特种设备使用单位有下列情形之一的，由特种设备安全监督管理部门责令限期改正；逾期未改正的，责令停止使用或者停产停业整顿，处2000元以上2万元以下罚款：

（一）未依照本条例规定设置特种设备安全管理机构或者配备专职、兼职的安全管理人员的；

（二）从事特种设备作业的人员，未取得相应特种作业人员证书，上岗作业的；

（三）未对特种设备作业人员进行特种设备安全教育和培训的。

第八十七条 发生特种设备事故，有下列情形之一的，对单位，由特种设备安全监督管理部门处5万元以上20万元以下罚款；对主要负责人，由特种设备安全监督管理部门处4000元以上2万元以下罚款；属于国家工作人员的，依法给予处分；触犯刑律的，依照刑法关于重大责任事故罪或者其他罪的规定，依法追究刑事责任：

（一）特种设备使用单位的主要负责人在本单位发生特种设备事故时，不立即组织抢救或者在事故调查处理期间擅离职守或者逃匿的；

（二）特种设备使用单位的主要负责人对特种设备事故隐瞒不报、谎报或者拖延不报的。

第八十八条 对事故发生负有责任的单位，由特种设备安全监督管理部门依照下列规定处以罚款：

（一）发生一般事故的，处10万元以上20万元以下罚款；

（二）发生较大事故的，处20万元以上50万元以下罚款；

（三）发生重大事故的，处50万元以上200万元以下罚款。

第八十九条 对事故发生负有责任的单位的主要负责人未依法履行职责，导致事故发生的，由特种设备安全监督管理部门依照下列规定处以罚款；属于国家工作人员的，并依法给予处分；触犯刑律的，依照刑法关于重大责任事故罪或者其他罪的规定，依法追究刑事责任：

（一）发生一般事故的，处上一年年收入30%的罚款；

（二）发生较大事故的，处上一年年收入40%的罚款；

（三）发生重大事故的，处上一年年收入60%的罚款。

第九十条 特种设备作业人员违反特种设备的操作规程和有关的安全规章制度操作，或者在作业过程中发现事故隐患或者其他不安全因素，未立即向现场安全管理人员和单位有关负责人报告的，由特种设备使用单位给予批评教育、处分；情节严重的，撤销特种设备作业人员资格；触犯刑律的，依照刑法关于重大责任事故罪或者其他罪的规定，依法追究刑事责任。

第九十一条 未经核准，擅自从事本条例所规定的监督检验、定期检验、型式试验以及无损检测等检验检测活动的，由特种设备安全监督管理部门予以取缔，处5万元以上20万元以下罚款；有违法所得的，没收违法所得；触犯刑律的，对负有责任的主管人员和其他直接责任人员依照刑法关于非法经营罪或者其他罪的规定，依法追究刑事责任。

第九十二条　特种设备检验检测机构，有下列情形之一的，由特种设备安全监督管理部门处2万元以上10万元以下罚款；情节严重的，撤销其检验检测资格：

（一）聘用未经特种设备安全监督管理部门组织考核合格并取得检验检测人员证书的人员，从事相关检验检测工作的；

（二）在进行特种设备检验检测中，发现严重事故隐患或者能耗严重超标，未及时告知特种设备使用单位，并立即向特种设备安全监督管理部门报告的。

第九十三条　特种设备检验检测机构和检验检测人员，出具虚假的检验检测结果、鉴定结论或者检验检测结果、鉴定结论严重失实的，由特种设备安全监督管理部门对检验检测机构没收违法所得，处5万元以上20万元以下罚款，情节严重的，撤销其检验检测资格；对检验检测人员处5000元以上5万元以下罚款，情节严重的，撤销其检验检测资格，触犯刑律的，依照刑法关于中介组织人员提供虚假证明文件罪、中介组织人员出具证明文件重大失实罪或者其他罪的规定，依法追究刑事责任。

特种设备检验检测机构和检验检测人员，出具虚假的检验检测结果、鉴定结论或者检验检测结果、鉴定结论严重失实，造成损害的，应当承担赔偿责任。

第九十四条　特种设备检验检测机构或者检验检测人员从事特种设备的生产、销售，或者以其名义推荐或者监制、监销特种设备的，由特种设备安全监督管理部门撤销特种设备检验检测机构和检验检测人员的资格，处5万元以上20万元以下罚款；有违法所得的，没收违法所得。

第九十五条　特种设备检验检测机构和检验检测人员利用检验检测工作故意刁难特种设备生产、使用单位，由特种设备安全监督管理部门责令改正；拒不改正的，撤销其检验检测资格。

第九十六条　检验检测人员，从事检验检测工作，不在特种设备检验检测机构执业或者同时在两个以上检验检测机构中执业的，由特种设备安全监督管理部门责令改正，情节严重的，给予停止执业6个月以上2年以下的处罚；有违法所得的，没收违法所得。

第九十七条　特种设备安全监督管理部门及其特种设备安全监察人员，有下列违法行为之一的，对直接负责的主管人员和其他直接责任人员，依法给予降级或者撤职的处分；触犯刑律的，依照刑法关于受贿罪、滥用职权罪、玩忽职守罪或者其他罪的规定，依法追究刑事责任：

（一）不按照本条例规定的条件和安全技术规范要求，实施许可、核准、登记的；

（二）发现未经许可、核准、登记擅自从事特种设备的生产、使用或者检验检测活动不予取缔或者不依法予以处理的；

（三）发现特种设备生产、使用单位不再具备本条例规定的条件而不撤销其原许可，或者发现特种设备生产、使用违法行为不予查处的；

（四）发现特种设备检验检测机构不再具备本条例规定的条件而不撤销其原核准，或者对其出具虚假的检验检测结果、鉴定结论或者检验检测结果、鉴定结论严重失实的行为不予查处的；

（五）对依照本条例规定在其他地方取得许可的特种设备生产单位重复进行许可，或者对依照本条例规定在其他地方检验检测合格的特种设备，重复进行检验检测的；

（六）发现有违反本条例和安全技术规范的行为或者在用的特种设备存在严重事故隐患，不立即处理的；

（七）发现重大的违法行为或者严重事故隐患，未及时向上级特种设备安全监督管理部门报告，或者接到报告的特种设备安全监督管理部门不立即处理的；

（八）迟报、漏报、瞒报或者谎报事故的；

（九）妨碍事故救援或者事故调查处理的。

第九十八条　特种设备的生产、使用单位或者检验检测机构，拒不接受特种设备安全监督管理部门依法实施的安全监察的，由特种设备安全监督管理部门责令限期改正；逾期未改正的，责令停产停业整顿，处2万元以上10万元以下罚款；触犯刑律的，依照刑法关于妨害公务罪或者其他罪的规定，依法追究刑事责任。

特种设备生产、使用单位擅自动用、调换、转移、损毁被查封、扣押的特种设备或者其主要部件的，由特种设备安全监督管理部门责令改正，处5万元以上20万元以下罚款；情节严重的，撤销其相应资格。

第八章　附　则

第九十九条　本条例下列用语的含义是：

（一）锅炉，是指利用各种燃料、电或者其他能源，将所盛装的液体加热到一定的参数，并对外输出热能的设备，其范围规定为容积大于或者等于30 L的承压蒸汽锅炉；出口水压大于或者等于0.1 MPa（表压），且额定功率大于或者等于0.1 MW的承压热水锅炉；有机热载体锅炉。

（二）压力容器，是指盛装气体或者液体，承载一定压力的密闭设备，其范围规定为最高工作压力大于或者等于0.1 MPa（表压），且压力与容积的乘积大于或者等于2.5 MPa·L的气体、液化气体和最高工作温度高于或者等于标准沸点的液体的固定式容器和移动式容器；盛装公称工作压力大于或者等于0.2 MPa（表压），且压力与容积的乘积大于或者等于1.0 MPa·L的气体、液化气体和标准沸点等于或者低于60 ℃液体的气瓶；氧舱等。

（三）压力管道，是指利用一定的压力，用于输送气体或者液体的管状设备，其范围规定为最高工作压力大于或者等于0.1 MPa（表压）的气体、液化气体、蒸汽介质或者可燃、易爆、有毒、有腐蚀性、最高工作温度高于或者等于标准沸点的液体介质，且公称直径大于25 mm的管道。

（四）电梯，是指动力驱动，利用沿刚性导轨运行的箱体或者沿固定线路运行的梯级（踏步），进行升降或者平行运送人、货物的机电设备，包括载人（货）电梯、自动扶梯、自动人行道等。

（五）起重机械，是指用于垂直升降或者垂直升降并水平移动重物的机电设备，其范围规定为额定起重量大于或者等于0.5 t的升降机；额定起重量大于或者等于1 t，且提升高度大于或者等于2 m的起重机和承重形式固定的电动葫芦等。

（六）客运索道，是指动力驱动，利用柔性绳索牵引箱体等运载工具运送人员的机电设备，包括客运架空索道、客运缆车、客运拖牵索道等。

（七）大型游乐设施，是指用于经营目的，承载乘客游乐的设施，其范围规定为设计最大运行线速度大于或者等于2 m/s，或者运行高度距地面高于或者等于2 m的载人大型游乐设施。

（八）场（厂）内专用机动车辆，是指除道路交通、农用车辆以外仅在工厂厂区、旅游景区、游乐场所等特定区域使用的专用机动车辆。

特种设备包括其所用的材料、附属的安全附件、安全保护装置和与安全保护装置相关的设施。

第一百条　压力管道设计、安装、使用的安全监督管理办法由国务院另行制定。

第一百零一条　国务院特种设备安全监督管理部门可以授权省、自治区、直辖市特种设备安全监督管理部门负责本条例规定的特种设备行政许可工作，具体办法由国务院特种设备安全监督管理部门制定。

第一百零二条　特种设备行政许可、检验检测，应当按照国家有关规定收取费用。

第一百零三条　本条例自2003年6月1日起施行。1982年2月6日国务院发布的《锅炉压力容器安全监察暂行条例》同时废止。

附录三　特种设备作业人员监督管理办法

（2005年1月10日国家质量监督检验检疫总局令第70号公布，根据2011年5月3日《国家质量监督检验检疫总局关于修改〈特种设备作业人员监督管理办法〉的决定》修订）

第一章　总　则

第一条　为了加强特种设备作业人员监督管理工作，规范作业人员考核发证程序，保障特种设备安全运行，根据《中华人民共和国行政许可法》、《特种设备安全监察条例》和《国务院对确需保留的行政审批项目设定行政许可的决定》，制定本办法。

第二条　锅炉、压力容器（含气瓶）、压力管道、电梯、起重机械、客运索道、大型游乐设施、场（厂）内专用机动车辆等特种设备的作业人员及其相关管理人员统称特种设备作业人员。特种设备作业人员作业种类与项目目录由国家质量监督检验检疫总局统一发布。

从事特种设备作业的人员应当按照本办法的规定，经考核合格取得《特种设备作业人员证》，方可从事相应的作业或者管理工作。

第三条　国家质量监督检验检疫总局（以下简称国家质检总局）负责全国特种设备作业人员的监督管理，县以上质量技术监督部门负责本辖区内的特种设备作业人员的监督管理。

第四条　申请《特种设备作业人员证》的人员，应当首先向省级质量技术监督部门指定的特种设备作业人员考试机构（以下简称考试机构）报名参加考试。

对特种设备作业人员数量较少不需要在各省、自治区、直辖市设立考试机构的，由国家质检总局指定考试机构。

第五条　特种设备生产、使用单位（以下统称用人单位）应当聘（雇）用取得《特种设备作业人员证》的人员从事相关管理和作业工作，并对作业人员进行严格管理。

特种设备作业人员应当持证上岗，按章操作，发现隐患及时处置或者报告。

第二章　考试和审核发证程序

第六条　特种设备作业人员考核发证工作由县以上质量技术监督部门分级负责。省级质量技术监督部门决定具体的发证分级范围，负责对考核发证工作的日常监督管理。

申请人经指定的考试机构考试合格的，持考试合格凭证向考试场所所在地的发证部门申请办理《特种设备作业人员证》。

第七条　特种设备作业人员考试机构应当具备相应的场所、设备、师资、监考人员以及健全的考试管理制度等必备条件和能力，经发证部门批准，方可承担考试工作。

发证部门应当对考试机构进行监督，发现问题及时处理。

第八条　特种设备作业人员考试和审核发证程序包括：考试报名、考试、领证申请、受理、审核、发证。

第九条　发证部门和考试机构应当在办公处所公布本办法、考试和审核发证程序、考试作业人员种类、报考具体条件、收费依据和标准、考试机构名称及地点、考试计划等事项。其中，考试报名时间、考试科目、考试地点、考试时间等具体考试计划事项，应当在举行考试之日 2 个月前公布。

有条件的应当在有关网站、新闻媒体上公布。

第十条　申请《特种设备作业人员证》的人员应当符合下列条件：

（一）年龄在 18 周岁以上；

（二）身体健康并满足申请从事的作业种类对身体的特殊要求；

（三）有与申请作业种类相适应的文化程度；

（四）具有相应的安全技术知识与技能；

（五）符合安全技术规范规定的其他要求。

作业人员的具体条件应当按照相关安全技术规范的规定执行。

第十一条　用人单位应当对作业人员进行安全教育和培训，保证特种设备作业人员具备必要的特种设备安全作业知识、作业技能和及时进行知识更新。作业人员未能参加用人单位培训的，可以选择专业培训机构进行培训。

作业人员培训的内容按照国家质检总局制定的相关作业人员培训考核大纲等安全技术规范执行。

第十二条　符合条件的申请人员应当向考试机构提交有关证明材料，报名参加考试。

第十三条　考试机构应当制定和认真落实特种设备作业人员的考试组织工作的各项规章制度，严格按照公开、公正、公平的原则，组织实施特种设备作业人员的考试，确保考试工作质量。

第十四条 考试结束后，考试机构应当在20个工作日内将考试结果告知申请人，并公布考试成绩。

第十五条 考试合格的人员，凭考试结果通知单和其他相关证明材料，向发证部门申请办理《特种设备作业人员证》。

第十六条 发证部门应当在5个工作日内对报送材料进行审查，或者告知申请人补正申请材料，并作出是否受理的决定。能够当场审查的，应当当场办理。

第十七条 对同意受理的申请，发证部门应当在20个工作日内完成审核批准手续。准予发证的，在10个工作日内向申请人颁发《特种设备作业人员证》；不予发证的，应当书面说明理由。

第十八条 特种设备作业人员考核发证工作遵循便民、公开、高效的原则。为方便申请人办理考核发证事项，发证部门可以将受理和发放证书的地点设在考试报名地点，并在报名考试时委托考试机构对申请人是否符合报考条件进行审查，考试合格后发证部门可以直接办理受理手续和审核、发证事项。

第三章 证书使用及监督管理

第十九条 持有《特种设备作业人员证》的人员，必须经用人单位的法定代表人（负责人）或者其授权人雇（聘）用后，方可在许可的项目范围内作业。

第二十条 用人单位应当加强对特种设备作业现场和作业人员的管理，履行下列义务：

（一）制订特种设备操作规程和有关安全管理制度；

（二）聘用持证作业人员，并建立特种设备作业人员管理档案；

（三）对作业人员进行安全教育和培训；

（四）确保持证上岗和按章操作；

（五）提供必要的安全作业条件；

（六）其他规定的义务。

用人单位可以指定一名本单位管理人员作为特种设备安全管理负责人，具体负责前款规定的相关工作。

第二十一条 特种设备作业人员应当遵守以下规定：

（一）作业时随身携带证件，并自觉接受用人单位的安全管理和质量技术监督部门的监督检查；

（二）积极参加特种设备安全教育和安全技术培训；

（三）严格执行特种设备操作规程和有关安全规章制度；

（四）拒绝违章指挥；

（五）发现事故隐患或者不安全因素应当立即向现场管理人员和单位有关负责人报告；

（六）其他有关规定。

第二十二条 《特种设备作业人员证》每4年复审一次。持证人员应当在复审期届满3个月前，向发证部门提出复审申请。对持证人员在4年内符合有关安全技术规范规定的不间断作业要求和安全、节能教育培训要求，且无违章操作或者管理等不良记录、未造成事故的，发证部门应当按照有关安全技术规范的规定准予复审合格，并在证书正本上加盖发证部门复审合格章。

复审不合格、逾期未复审的，其《特种设备作业人员证》予以注销。

第二十三条 有下列情形之一的，应当撤销《特种设备作业人员证》：

（一）持证作业人员以考试作弊或者以其他欺骗方式取得《特种设备作业人员证》的；

（二）持证作业人员违反特种设备的操作规程和有关的安全规章制度操作，情节严重的；

（三）持证作业人员在作业过程中发现事故隐患或者其他不安全因素未立即报告，情节严重的；

（四）考试机构或者发证部门工作人员滥用职权、玩忽职守、违反法定程序或者超越发证范围考核发证的；

（五）依法可以撤销的其他情形。

违反前款第（一）项规定的，持证人3年内不得再次申请《特种设备作业人员证》。

第二十四条 《特种设备作业人员证》遗失或者损毁的，持证人应当及时报告发证部门，并在当地媒体予以公告。查证属实的，由发证部门补办证书。

第二十五条 任何单位和个人不得非法印制、伪造、涂改、倒卖、出租或者出借《特种设备作业人员证》。

第二十六条 各级质量技术监督部门应当对特种设备作业活动进行监督检查，查处违法作业行为。

第二十七条 发证部门应当加强对考试机构的监督管理，及时纠正违规行为，必要时应当派人现场监督考试的有关活动。

第二十八条 发证部门要建立特种设备作业人员监督管理档案，记录考核发证、复审和监督检查的情况。发证、复审及监督检查情况要定期向社会公布。

发证部门应当在发证或者复审合格后20个工作日内，将特种设备作业人员相关信息录入国家质检总局特种设备作业人员公示查询系统。

第二十九条 特种设备作业人员考试报名、考试、领证申请、受理、审核、发证等环节的具体规定，以及考试机构的设立、《特种设备作业人员证》的注销和复审等事项，按照国家质检总局制定的特种设备作业人员考核规则等安全技术规范执行。

第四章　罚　则

第三十条　申请人隐瞒有关情况或者提供虚假材料申请《特种设备作业人员证》的，不予受理或者不予批准发证，并在1年内不得再次申请《特种设备作业人员证》。

第三十一条　有下列情形之一的，责令用人单位改正，并处1000元以上3万元以下罚款：

（一）违章指挥特种设备作业的；

（二）作业人员违反特种设备的操作规程和有关的安全规章制度操作，或者在作业过程中发现事故隐患或者其他不安全因素未立即向现场管理人员和单位有关负责人报告，用人单位未给予批评教育或者处分的。

第三十二条　非法印制、伪造、涂改、倒卖、出租、出借《特种设备作业人员证》，或者使用非法印制、伪造、涂改、倒卖、出租、出借《特种设备作业人员证》的，处1000元以下罚款；构成犯罪的，依法追究刑事责任。

第三十三条　发证部门未按规定程序组织考试和审核发证，或者发证部门未对考试机构严格监督管理影响特种设备作业人员考试质量的，由上一级发证部门责令整改；情节严重的，其负责的特种设备作业人员的考核工作由上一级发证部门组织实施。

第三十四条　考试机构未按规定程序组织考试工作，责令整改；情节严重的，暂停或者撤销其批准。

第三十五条　发证部门或者考试机构工作人员滥用职权、玩忽职守、以权谋私的，应当依法给予行政处分；构成犯罪的，依法追究刑事责任。

第三十六条　特种设备作业人员未取得《特种设备作业人员证》上岗作业，或者用人单位未对特种设备作业人员进行安全教育和培训的，按照《特种设备安全监察条例》第八十六条的规定对用人单位予以处罚。

第五章　附　则

第三十七条　《特种设备作业人员证》的格式、印制等事项由国家质检总局统一规定。

第三十八条　考试收费按照财政和价格主管部门的规定执行。省级质量技术监督部门负责对本辖区内《特种设备作业人员证》考试收费工作进行监督检查，并按有关规定通报相关部门。

第三十九条　本办法不适用于从事房屋建筑工地和市政工程工地起重机械、场（厂）内专用机动车辆作业及其相关管理的人员。

第四十条　本办法由国家质检总局负责解释。

第四十一条　本办法自2005年7月1日起施行。原有规定与本办法要求不一致的，以本办法为准。

参 考 文 献

[1] 鲍锌焱，陈恒亮．电梯安装维修工培训教材［M］．北京：机械工业出版社，2006.
[2] 陈家盛．电梯结构原理及安装维修［M］．北京：机械工业出版社，2006.
[3] 陈家盛．电梯实用技术教程［M］．北京：机械工业出版社，2006.
[4] 冯国庆．电梯维修与操作［M］．2 版．北京：中国劳动社会保障出版社，2004.
[5] 李秧耕，何乔治，等．电梯基本原理及安装维修全书［M］．北京：机械工业出版社，2001.
[6] 刘爱国，张洪学，等．电梯工程技术——安装维修与故障排除 1000 问［M］．郑州：河南科学技术出版社，2005.
[7] 刘爱国，朱红民，等．电梯故障排除实例［M］．郑州：河南科学技术出版社，2008.
[8] 刘连昆，冯国庆，等．电梯安全技术——结构·标准·故障排除·事故分析［M］．北京：机械工业出版社，2003.
[9] 孙克军．电梯实用技术问答［M］．北京：机械工业出版社，2006.
[10] 孙余凯，项绮明，等．新型电梯故障检修技巧与实例［M］．北京：电子工业出版社，2008.
[11] 徐峰．．电梯维修工快速入门［M］．北京：国防工业工业出版社，2007.
[12] 杨江河，金少红．三菱电梯维修与故障排除［M］．北京：机械工业出版社，2006.
[13] 张元培．电梯与自动扶梯的安装维修［M］．北京：中国电力出版社，2005.
[14] 朱德文，张柏成．电梯使用、保养和维修技术［M］．北京：中国电力出版社，2005.
[15] 电梯制造与安装安全规范 GB 7588—2003. 北京：中国标准出版社，2006.